定期テスト **ズバリよくでる** 数学｜3年　大日本図

JN100902

もくじ

取り外してお使いください 赤シート＋直前チェックBOOK,別冊解答

※全国の定期テストの標準的な出題範囲を示しています。学校の学習進度とあわない場合は，「あなたの学校の出題範囲」欄に出題範囲を書きこんでお使いください。

Step 1 基本チェック｜1節 多項式の計算

15分

教科書のたしかめ　[　]に入るものを答えよう！

1節 多項式の計算　▶教 p.14-25　Step 2 ❶-❾

解答欄

□(1)　$2x(3y+1)=2x\times 3y+2x\times 1=[\,6xy+2x\,]$

(1) ＿＿＿＿

□(2)　$(8xy-20y)\div 4y=\dfrac{8xy-20y}{4y}=\dfrac{8xy}{4y}-\dfrac{20y}{4y}=[\,2x-5\,]$

(2) ＿＿＿＿

□(3)　$(12a^2+6ab)\div\dfrac{3}{2}a=(12a^2+6ab)\times\left[\,\dfrac{2}{3a}\,\right]$

$=12a^2\times\dfrac{2}{3a}+6ab\times\dfrac{2}{3a}=[\,8a+4b\,]$

(3) ＿＿＿＿

□(4)　$(x+4)(2y-1)=[\,2xy-x+8y-4\,]$

(4) ＿＿＿＿

□(5)　$(2x+3)(x-6)=2x^2-[\,12x\,]+[\,3x\,]-18$

$=[\,2x^2-9x-18\,]$

(5) ＿＿＿＿

□(6)　$(x+1)(x+4)=x^2+([\,1+4\,])x+[\,1\times 4\,]$

$=[\,x^2+5x+4\,]$

(6) ＿＿＿＿

□(7)　$(x+5)(x-2)=x^2+\{[\,5+(-2)\,]\}x+[\,5\times(-2)\,]$

$=[\,x^2+3x-10\,]$

(7) ＿＿＿＿

□(8)　$(x+4)^2=x^2+2\times[\,4\,]\times x+4^2=[\,x^2+8x+16\,]$

(8) ＿＿＿＿

□(9)　$(x-6)^2=x^2-[\,2\,]\times 6\times x+6^2=[\,x^2-12x+36\,]$

(9) ＿＿＿＿

□(10)　$(x+7)(x-7)=x^2-[\,7\,]^2=[\,x^2-49\,]$

(10) ＿＿＿＿

□(11)　$(2x+3y)(2x-3y)=(2x)^2-([\,3y\,])^2=[\,4x^2-9y^2\,]$

(11) ＿＿＿＿

□(12)　$(x+y-2)(x+y+3)$ を展開しなさい。$x+y$ を A と置く。

$(x+y-2)(x+y+3)=[\,(A-2)(A+3)\,]$

$=[\,A^2+A-6\,]=(x+y)^2+(x+y)-6$

$=[\,x^2+2xy+y^2+x+y-6\,]$

(12) ＿＿＿＿

教科書のまとめ　＿＿に入るものを答えよう！

□ 単項式と多項式との乗法は，多項式と数との乗法と同じように <u>分配法則</u> を使って計算する。

$a(b+c)=\underline{ab+ac}$　　　$(a+b)c=\underline{ac+bc}$

□ 単項式と多項式との積や，多項式と多項式との積の形をした式を1つの多項式に表すことを，もとの式を <u>展開する</u> という。

□ 展開の公式

公式 1　$(x+a)(x+b)=\underline{x^2+(a+b)x+ab}$

公式 2　$(x+a)^2=\underline{x^2+2ax+a^2}$

公式 3　$(x-a)^2=\underline{x^2-2ax+a^2}$

公式 4　$(x+a)(x-a)=\underline{x^2-a^2}$

Step 2 予想問題 **1節 多項式の計算**

【多項式と単項式との乗法，除法】

❶ 次の計算をしなさい。

□(1) $(9m-2n)\times(-3m)$

(　　　　　　　　)

□(2) $7a(2a+4b-3)$

(　　　　　　　　)

□(3) $(18xy+12x)\div6x$

(　　　　　　　　)

□(4) $(4x^2-10xy)\div\left(-\dfrac{2}{5}x\right)$

(　　　　　　　　)

【多項式の乗法】

❷ 次の式を展開しなさい。

□(1) $(x+3)(y-5)$

(　　　　　　　　)

□(2) $(3a-2)(2a-5)$

(　　　　　　　　)

□(3) $(x+4)(x-2y-1)$

(　　　　　　　　)

□(4) $(a-5b+2)(a-3b)$

(　　　　　　　　)

【展開の公式①（$(x+a)(x+b)$ の展開）】

❸ 次の式を展開しなさい。

□(1) $(x+3)(x+4)$

(　　　　　　　　)

□(2) $(x-5)(x-7)$

(　　　　　　　　)

□(3) $(a-8)(a+6)$

(　　　　　　　　)

□(4) $\left(y+\dfrac{1}{3}\right)\left(y-\dfrac{1}{4}\right)$

(　　　　　　　　)

【展開の公式②（$(x+a)^2$，$(x-a)^2$ の展開）】

❹ 次の式を展開しなさい。

□(1) $(x+2)^2$

(　　　　　　　　)

□(2) $(a-8)^2$

(　　　　　　　　)

□(3) $\left(y-\dfrac{1}{6}\right)^2$

(　　　　　　　　)

□(4) $(a+0.1)^2$

(　　　　　　　　)

ヒント

❶
(1)分配法則を使って
かっこをはずします。
$a(b+c)=ab+ac$

✕ ミスに注意
(4)$-\dfrac{2}{5}x=-\dfrac{2x}{5}$
だから，逆数は，
$-\dfrac{5}{2x}$ です。
$-\dfrac{5}{2}x$ としないよ
うにしましょう。

❷
$(a+b)(c+d)$
$=ac+ad+bc+bd$
のように展開します。
同類項があればまとめ
ます。

❸
展開の公式
　$(x+a)(x+b)$
$=x^2+(a+b)x+ab$
を使って展開します。

❹
展開の公式
　$(x+a)^2$
$=x^2+2ax+a^2$
　$(x-a)^2$
$=x^2-2ax+a^2$
を使って展開します。

【展開の公式③（$(x+a)(x-a)$ の展開）】

❺ 次の式を展開しなさい。

□(1)　$(x+5)(x-5)$

□(2)　$(a-0.3)(a+0.3)$

（　　　　　　　）

（　　　　　　　）

□(3)　$\left(x+\dfrac{1}{4}\right)\left(x-\dfrac{1}{4}\right)$

□(4)　$(6+x)(6-x)$

（　　　　　　　）

（　　　　　　　）

【いろいろな式の展開①】

❻ 次の式を展開しなさい。

□(1)　$(2x+1)(2x-5)$

□(2)　$(5a+2)^2$

（　　　　　　　）

（　　　　　　　）

□(3)　$(3x-4y)^2$

□(4)　$(-a+7b)(-a-7b)$

（　　　　　　　）

（　　　　　　　）

□(5)　$(x+y+4)(x+y-1)$

□(6)　$(a-b-3)^2$

（　　　　　　　）

（　　　　　　　）

【いろいろな式の展開②】

❼ 次の計算をしなさい。

□(1)　$3(x+2y)^2-(2x+3y)^2$

□(2)　$(a-5)(a+9)-(a+6)(a-6)$

（　　　　　　　）

（　　　　　　　）

【展開の公式の利用①】

❽ 次の式を工夫して計算しなさい。

□(1)　53×47

□(2)　98^2

（　　　　　　　）

（　　　　　　　）

【展開の公式の利用②】

❾ $x=-5$，$y=\dfrac{1}{4}$ のときの，式 $(x-2y)(x+8y)-6xy$ の値を求めなさ
□　い。

（　　　　　　　）

❺

展開の公式
$$(x+a)(x-a)$$
$$=x^2-a^2$$
を使って展開します。

❻

(5) $x+y$ を A と置くと，
$(x+y+4)(x+y-1)$
$=(A+4)(A-1)$
$=A^2+3A-4$
ここで，A を $x+y$
に戻します。

📝テスト得ダネ

式の一部をひとまと
まりにみて文字で置
きかえる問題は，よ
く出題されます。

❼

積の部分をそれぞれ展
開してから，同類項を
まとめます。

❽

(1) $53=50+3$，
$47=50-3$ だから，
53×47
$=(50+3)(50-3)$
と変形して計算しま
す。

❾

いきなり代入せず，式
を簡単にしてから，代
入しましょう。

[解答 ▶ p.2]

Step 1 基本チェック ・ 2節 因数分解／3節 式の利用

15分

教科書のたしかめ　[ ]に入るものを答えよう！

2節 因数分解　▶教 p.26-35　Step 2 ❶-❺

解答欄

□(1) $ax-bx$ の各項に共通な因数は[x]だから，因数分解すると，
$$ax-bx=[\ x(a-b)\ ]$$

(1)

□(2) 公式を使って，$x^2+7x+10$ を因数分解する。
2つの数の積が10となる整数の組のうち，和が7になるのは，
[2]と[5]であるから，
$$x^2+7x+10=[\ (x+2)(x+5)\ ]$$

(2)

□(3) 公式を使って，$x^2+8x+16$ を因数分解する。
$16=[\ 4\ ]^2$，$8=2\times[\ 4\ ]$ だから，
$$x^2+8x+16=x^2+2\times[\ 4\ ]\times x+[\ 4\ ]^2=[\ (x+4)^2\ ]$$

(3)

□(4) 公式を使って，x^2-6x+9 を因数分解する。
$9=[\ 3\ ]^2$，$6=2\times[\ 3\ ]$ だから，
$$x^2-6x+9=x^2-2\times[\ 3\ ]\times x+[\ 3\ ]^2=[\ (x-3)^2\ ]$$

(4)

□(5) 公式を使って，x^2-25 を因数分解する。
$a^2=25$ となる正の数 a は[5]だから，
$$x^2-25=[\ (x+5)(x-5)\ ]$$

(5)

□(6) $ax^2-3ax+2a$ を因数分解すると，
$$ax^2-3ax+2a=a([\ x^2-3x+2\ ])=a([\ x-1\ ])(x-2)$$

(6)

□(7) $4x^2+12xy+9y^2$ を因数分解すると，
$$4x^2+12xy+9y^2=([\ 2x\ ])^2+2\times2x\times3y+([\ 3y\ ])^2$$
$$=[\ (2x+3y)^2\ ]$$

(7)

□(8) $(x+2)^2-5(x+2)$ を因数分解する。$x+2$ を A と置くと，
$$(x+2)^2-5(x+2)=A^2-5A=[\ A(A-5)\ ]$$
$$=(x+2)\{(x+2)-5\}=[\ (x+2)(x-3)\ ]$$

(8)

3節 式の利用　▶教 p.36-39　Step 2 ❻-❽

教科書のまとめ　＿＿に入るものを答えよう！

□ $x^2+7x=x(x+7)$ から，x と $x+7$ は，x^2+7x の 因数 という。

□ 多項式を因数の積の形で表すことを，その多項式を 因数分解する という。

□ 因数分解の公式

公式1′ $x^2+(a+b)x+ab=$ $(x+a)(x+b)$ 　　**公式2′** $x^2+2ax+a^2=$ $(x+a)^2$

公式3′ $x^2-2ax+a^2=$ $(x-a)^2$ 　　**公式4′** $x^2-a^2=$ $(x+a)(x-a)$

Step 2 予想問題 ── **2節 因数分解／3節 式の利用**

1ページ 30分

【因数分解】

❶ 次の多項式の各項に共通な因数を書き，因数分解しなさい。

□(1) $4x^2 + 6x$

共通な因数$($ 　　　$)$，因数分解$($ 　　　　　　$)$

□(2) $8ab^2 - 12ab$

共通な因数$($ 　　　$)$，因数分解$($ 　　　　　　$)$

□(3) $9x^2y + 6xy^2 - 15xy$

共通な因数$($ 　　　$)$，因数分解$($ 　　　　　　$)$

【公式による因数分解①】

❷ 次の式を因数分解しなさい。

□(1) $x^2 + 5x + 6$

$($ 　　　　　$)$

□(2) $x^2 - 9x + 8$

$($ 　　　　　$)$

□(3) $x^2 + 2x - 8$

$($ 　　　　　$)$

□(4) $a^2 - 8a + 15$

$($ 　　　　　$)$

□(5) $x^2 - 3x - 28$

$($ 　　　　　$)$

□(6) $y^2 - 9y - 90$

$($ 　　　　　$)$

【公式による因数分解②】

❸ 次の式を因数分解しなさい。

□(1) $x^2 + 4x + 4$

$($ 　　　　　$)$

□(2) $x^2 - 14x + 49$

$($ 　　　　　$)$

□(3) $x^2 - 36$

$($ 　　　　　$)$

□(4) $a^2 + 3a + \dfrac{9}{4}$

$($ 　　　　　$)$

□(5) $n^2 - 0.6n + 0.09$

$($ 　　　　　$)$

□(6) $y^2 - \dfrac{1}{25}$

$($ 　　　　　$)$

ヒント

❶

⊗ ミスに注意

(1)$4x^2 + 6x$
$= 2(2x^2 + 3x)$ や，
$4x^2 + 6x = x(4x + 6)$
としないで，共通な因数を残らずくくり出します。

❷

因数分解の公式
$x^2 + (a+b)x + ab$
$= (x+a)(x+b)$
を使います。

(1)積が6，和が5になる2数を考えます。

◯ テスト得ダネ

和が$a+b$，積がabとなる2つの数a，bを見つけるとき，積がabとなる整数の組を先に考えます。

❸

因数分解の公式
$x^2 + 2ax + a^2$
$= (x+a)^2$
$x^2 - 2ax + a^2$
$= (x-a)^2$
$x^2 - a^2$
$= (x+a)(x-a)$
を使います。

[解答 ▶ p.3]

【いろいろな式の因数分解①】

❹ 次の式を因数分解しなさい。

□(1) $3x^2+6x-72$ 　　　　　□(2) $-5ab^2+30ab-45a$

（　　　　　）　　　　　　　（　　　　　）

□(3) $4x^2-81y^2$ 　　　　　□(4) $9x^2+30xy+25y^2$

（　　　　　）　　　　　　　（　　　　　）

【いろいろな式の因数分解②】

❺ 次の式を因数分解しなさい。

□(1) $(x-5)^2+3(x-5)-4$ 　　□(2) $(a+2)^2-25b^2$

（　　　　　）　　　　　　　（　　　　　）

□(3) $xy-3x+2(y-3)$ 　　　　□(4) $ax+2x-a-2$

（　　　　　）　　　　　　　（　　　　　）

【因数分解の公式の利用】

❻ $x=\dfrac{3}{2}$，$y=\dfrac{3}{4}$ のときの，式 $9x^2-4y^2$ の値を求めなさい。
□

（　　　　　）

【式を利用して数の性質を調べよう】

❼ 連続する2つの奇数の2乗の差は，8の倍数です。このことがらが成
□ り立つことを証明しなさい。

【図形の性質と式の利用】

❽ 3辺の長さが a m，b m，c m の三角形の形をした
□ 土地の周囲に，幅 h m の道がある。この道の面積
を S，道の中央を通る線の長さを ℓ とするとき，
$S=h\ell$ が成り立つことを証明しなさい。

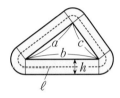

ヒント

❹
(1)(2)まず，共通な因数
をくくり出し，次に，
公式が使えないかを
考えます。

❺
(1)(2)式の中の共通な部
　分を，1つの文字に
　置きかえてから，因
　数分解します。
(3)(4)x をふくむ項とふ
　くまない項に分けま
　す。

❻
$9x^2-4y^2$ を因数分解
してから，x，y の値
を代入すると，計算が
簡単になります。

❼
連続する2つの奇数は，
整数 n を使って，
$2n-1$，$2n+1$ と表し
ます。

❽
3つのおうぎ形を合わ
せると，下の図のよう
な半径 h m の円になり
ます。

Step 3 予想テスト 　**1章 多項式**

30分 ／100点 目標 80点

❶ 次の計算をしなさい。知 　　　　　　　　　　　　　12点(各3点)

☐(1) $3a(b-5)$ 　　　　　　　☐(2) $-5x(4x+y-7)$

☐(3) $(8xy+12y^2)\div(-4y)$ 　　☐(4) $(18a^2-6ab)\div\dfrac{2}{3}a$

❷ 次の式を展開しなさい。知 　　　　　　　　　　　24点(各3点)

☐(1) $(a-2)(b-4)$ 　　　　　　☐(2) $(x-3)(2x-5y+3)$

☐(3) $(x+9)^2$ 　　　　　　　　☐(4) $(a+5)(a-8)$

☐(5) $(a+0.5)(a-0.5)$ 　　　　☐(6) $\left(4x-\dfrac{1}{2}\right)^2$

☐(7) $(3x+4y)(3x-5y)$ 　　　　☐(8) $(a+7b)(7b-a)$

❸ 次の計算をしなさい。知 　　　　　　　　　　　16点(各4点)

☐(1) $(x-6)^2-(x-4)(x-9)$ 　　☐(2) $2(x-3)(x+3)-(x-2)^2$

☐(3) $(x+2y-3)^2$ 　　　　　　☐(4) $(a+b-1)(a-b+1)$

❹ 次の式を因数分解しなさい。知 　　　　　　　　24点(各4点)

☐(1) $x^2-5x-36$ 　　　　　　☐(2) $a^2+12a+36$

☐(3) $x^2+xy-30y^2$ 　　　　　☐(4) $9a^2-\dfrac{1}{4}b^2$

☐(5) $2ax^2-20ax+42a$ 　　　☐(6) $x^2-y^2+10y-25$

5 次の式を工夫して計算しなさい。考 10点(各5点)

□ (1) $43^2 - 37^2$ □ (2) 102^2

6 $x=7.5$, $y=2.5$ のときの, 式 x^2-y^2 の値を求めなさい。考 6点
□

7 連続する2つの偶数の積は, 4の倍数である。このことがらが成り立つことを証明しなさい。
□ 考 8点

点UP

❶	(1)		(2)	
	(3)		(4)	
❷	(1)		(2)	
	(3)		(4)	
	(5)		(6)	
	(7)		(8)	
❸	(1)		(2)	
	(3)		(4)	
❹	(1)		(2)	
	(3)		(4)	
	(5)		(6)	
❺	(1)		(2)	
❻				
❼				

❶ /12点 ❷ /24点 ❸ /16点 ❹ /24点 ❺ /10点 ❻ /6点 ❼ /8点

Step 1 基本チェック ・ 1節 平方根

15分

教科書のたしかめ　[ ]に入るものを答えよう！

❶ 平方根とその表し方　▶教 p.46-48　Step 2 ❶-❸

解答欄

☐ (1)　16 の平方根は[4]と[−4]である。

(1) ／

☐ (2)　0.25 の平方根は[0.5]と[−0.5]である。

(2)

☐ (3)　3 の平方根を根号を使って表すと，[$\sqrt{3}$]と[$-\sqrt{3}$]

(3)

☐ (4)　$\sqrt{25}$ を根号を使わないで表すと，[5]

(4)

☐ (5)　$(\sqrt{6})^2$ の値は，[6]で，$(-\sqrt{6})^2$ の値は，[6]

(5)

❷ 平方根の大小　▶教 p.49　Step 2 ❹

☐ (6)　$\sqrt{5}$ と $\sqrt{6}$ の大小を不等号を使って表すと，$\sqrt{5}$ [<] $\sqrt{6}$

(6)

☐ (7)　5 と $\sqrt{23}$ の大小は，$5^2=25$，$(\sqrt{23})^2=23$

$25>23$ だから，$\sqrt{25}>\sqrt{23}$　よって，[5]>[$\sqrt{23}$]

(7) ／

☐ (8)　$-\sqrt{3}$ と $-\sqrt{7}$ の大小は，絶対値を比べると $\sqrt{3}<\sqrt{7}$

負の数は絶対値の大きい数のほうが小さいから，$-\sqrt{3}$ [>] $-\sqrt{7}$

(8)

❸ 近似値と有効数字　▶教 p.50-51　Step 2 ❺❻

☐ (9)　51.4m という測定値の真の値 a の範囲を，不等号を使って表すと，[51.35]$\leqq a<$[51.45]となる。

(9) ／

☐ (10)　2000g という測定値を，有効数字を 3 桁として，整数部分が 1 桁の小数と 10 の累乗との積の形で表すと[2.00×10^3]g

(10)

❹ 有理数と無理数　▶教 p.52-53　Step 2 ❼❽

☐ (11)　数について分類する。

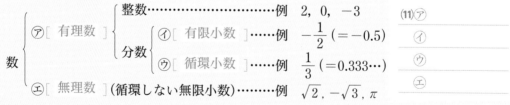

(11)⑦

⑦

⑨

㋓

教科書のまとめ　＿＿＿に入るものを答えよう！

☐ 2 乗すると a になる数，つまり，$x^2=a$ を成り立たせる x の値を a の 平方根 という。

☐ 正の数には平方根が 2 つあって，それらの絶対値は 等しく，符号は異なる。

☐ a，b が正の数で，$a<b$ ならば　$\sqrt{a} \leqq \sqrt{b}$

☐ 整数 a と 0 でない整数 b を使って，$\dfrac{a}{b}$ の形で表すことができる数を 有理数 といい，有理数でない数，つまり，分数で表すことができない数を 無理数 という。

Step 2　予想問題　　**1節 平方根**

1ページ
30分

【平方根とその表し方①】

❶ 次の数の平方根を求めなさい。

□(1)　49　　　　　□(2)　0.16　　　　　□(3)　$\dfrac{1}{25}$

（　　　　）　　　（　　　　）　　　（　　　　）

【平方根とその表し方②】

よく出る

❷ 次の数を，根号を使わないで表しなさい。

□(1)　$\sqrt{9}$　　　　□(2)　$-\sqrt{49}$　　　　□(3)　$-\sqrt{\dfrac{4}{81}}$

（　　　　）　　　（　　　　）　　　（　　　　）

□(4)　$\sqrt{0.01}$　　　□(5)　$\sqrt{4^2}$　　　　□(6)　$\sqrt{(-8)^2}$

（　　　　）　　　（　　　　）　　　（　　　　）

【平方根とその表し方③】

❸ 次の(1)～(3)は，どんな数になりますか。

□(1)　$\left(\sqrt{2}\,\right)^2$　　　□(2)　$\left(-\sqrt{5}\,\right)^2$　　　□(3)　$\left(-\sqrt{9}\,\right)^2$

（　　　　）　　　（　　　　）　　　（　　　　）

【平方根の大小】

よく出る

❹ 次の各組の数の大小を，不等号を使って表しなさい。

□(1)　5，$\sqrt{26}$　　　　　　　　□(2)　1.5，$\sqrt{2.2}$

（　　　　）　　　　　　（　　　　）

□(3)　-3，$-\sqrt{10}$　　　　　　□(4)　-4，-5，$-\sqrt{20}$

（　　　　）　　　　　　（　　　　）

ヒント

❶

正の数 a には，平方根が 2 つあります。これらをまとめて，$\pm\sqrt{a}$ と表すことができます。

ミスに注意
$-\sqrt{a}$ を忘れないように注意しましょう。

❷

$a>0$ のとき，$\sqrt{a^2}=a$
正負の符号が決定しているので, 答えに $\pm$ はつきません。

❸

$a>0$ のとき，
$\left(\sqrt{a}\,\right)^2=a$
$\left(-\sqrt{a}\,\right)^2=a$

❹

(3)(4)負の数は，絶対値が大きいほど小さいです。

【近似値と有効数字①】

❺ 次の測定値の真の値 a の範囲を，不等号を使って表しなさい。

☐(1)　27cm

☐(2)　5.8kg

（　　　　　　　　　　）　　　　（　　　　　　　　　　）

【近似値と有効数字②】

❻ 次の測定値を，（　）内の有効数字の桁数として，整数部分が 1 桁の小数と 10 の累乗との積の形で表しなさい。

☐(1)　6820g（有効数字 3 桁）

☐(2)　35000m（有効数字 4 桁）

（　　　　　　　　　　）　　　　（　　　　　　　　　　）

【有理数と無理数①】

❼ 次の数のうち，無理数をすべて選びなさい。
☐
$$-8, \quad \sqrt{11}, \quad \sqrt{16}, \quad \frac{3}{7}, \quad -\sqrt{5}, \quad \sqrt{\frac{4}{9}}$$

（　　　　　　　　　　）

【有理数と無理数②】

❽ 次の数を小数で表したとき，
☐
　　　A：有限小数，B：循環小数，C：循環しない無限小数
に分けなさい。

$$\frac{3}{5}, \quad \pi, \quad \frac{1}{9}, \quad \sqrt{2}, \quad \frac{3}{4}, \quad \frac{7}{15}$$

A（　　　　　　　），B（　　　　　　　），C（　　　　　　　）

ヒント

❺

ミスに注意

≦ と < の違いに注意して答えましょう。

❻

(1)有効数字が 3 桁の場合，整数部分が 1 桁の小数は，○.○○ のように表します。

❼

無理数は分数で表すことができない数です。

ミスに注意

根号がついていても，無理数とはかぎらないことに注意しましょう。たとえば，$\sqrt{\frac{1}{4}}=\frac{1}{2}$ だから，$\sqrt{\frac{1}{4}}$ は有理数です。

❽

π は円周率で，3.14159…と循環することなく無限に続き，分数に表すことができません。

[解答 ▶ p.6]

Step 1　基本チェック　：2節 根号をふくむ式の計算　3節 平方根の利用　⏱ 15分

教科書のたしかめ　[ ]に入るものを答えよう！

2節 根号をふくむ式の計算　▶ 教 p.56-68　Step 2 ❶-⓫

解答欄

□(1) $\sqrt{2}\times\sqrt{5}$ を計算すると，$\sqrt{2\times5}=[\ \sqrt{10}\ ]$

(1) ＿＿＿

□(2) $\sqrt{21}\div\sqrt{3}$ を計算すると，$\dfrac{\sqrt{21}}{\sqrt{3}}=[\ \sqrt{\dfrac{21}{3}}\ ]=[\ \sqrt{7}\ ]$

(2) ／＿＿

□(3) $2\sqrt{3}$ を $\sqrt{a}$ の形にすると，$2\times\sqrt{3}=[\ \sqrt{4}\ ]\times\sqrt{3}=[\ \sqrt{12}\ ]$

(3) ／＿＿

□(4) $\sqrt{20}$ を $a\sqrt{b}$ の形にすると，$[\ \sqrt{2^2\times5}\ ]=\sqrt{2^2}\times\sqrt{5}=[\ 2\sqrt{5}\ ]$

(4) ／＿＿

□(5) $\sqrt{\dfrac{3}{100}}$ を変形すると，$\dfrac{\sqrt{3}}{\sqrt{100}}=[\ \dfrac{\sqrt{3}}{10}\ ]$

(5) ／＿＿

□(6) $\dfrac{2}{\sqrt{2}}$ の分母を有理化すると，

$\dfrac{2}{\sqrt{2}}=\dfrac{2\times[\ \sqrt{2}\ ]}{\sqrt{2}\times\sqrt{2}}=\dfrac{[\ 2\sqrt{2}\ ]}{2}=[\ \sqrt{2}\ ]$

(6) ／＿／＿

□(7) $\sqrt{12}\times(-\sqrt{40})=2\sqrt{3}\times([\ -2\sqrt{10}\ ])=[\ -4\sqrt{30}\ ]$

(7) ／＿／＿

□(8) $-3\sqrt{6}\div\sqrt{2}=-\dfrac{3\sqrt{6}}{\sqrt{2}}=[\ -3\sqrt{3}\ ]$

(8) ／＿＿

□(9) $2\sqrt{2}+3\sqrt{2}=(2+[\ 3\ ])\sqrt{2}=[\ 5\sqrt{2}\ ]$

(9) ／＿＿

□(10) $\sqrt{27}-5\sqrt{3}=[\ 3\sqrt{3}\ ]-5\sqrt{3}=[\ -2\sqrt{3}\ ]$

(10) ／＿＿

□(11) $\sqrt{3}+\dfrac{6}{\sqrt{3}}=\sqrt{3}+\dfrac{[\ 6\times\sqrt{3}\ ]}{\sqrt{3}\times\sqrt{3}}=\sqrt{3}+\dfrac{6\sqrt{3}}{3}=[\ 3\sqrt{3}\ ]$

(11) ／＿＿

□(12) $\sqrt{5}(\sqrt{5}+\sqrt{2})=([\ \sqrt{5}\ ])^2+\sqrt{5}\times\sqrt{2}=[\ 5+\sqrt{10}\ ]$

(12) ／＿＿

□(13) $(\sqrt{2}+\sqrt{5})^2=([\ \sqrt{2}\ ])^2+2\times\sqrt{2}\times[\ \sqrt{5}\ ]+(\sqrt{5})^2$

$=[\ 2\ ]+[\ 2\sqrt{10}\ ]+5=7+[\ 2\sqrt{10}\ ]$

(13) ／＿＿

3節 平方根の利用　▶ 教 p.69-71　Step 2 ⓬

教科書のまとめ　＿＿＿に入るものを答えよう！

□ 根号をふくむ数の乗法，除法　$a>0$, $b>0$ のとき，$\sqrt{a}\times\sqrt{b}=\sqrt{ab}$, $\dfrac{\sqrt{a}}{\sqrt{b}}=\sqrt{\dfrac{a}{b}}$

□ 根号の中の数がある数の2乗を因数にもっているときは，$a\sqrt{b}$ の形にすることができる。
$a>0$, $b>0$ のとき，$\sqrt{a^2\times b}=a\sqrt{b}$

□ 分母に根号のある式を，その値を変えないで分母に根号のない形になおすことを，分母を
有理化する という。

□ 根号をふくむ数の加法，減法　根号の中の数が同じときは，文字式の同類項をまとめるときと
同じようにして，分配法則 を使って計算することができる。

□ 根号をふくむ式の計算　分配法則 や 展開の公式 を使って計算することができる。

Step 2 予想問題

2節 根号をふくむ式の計算
3節 平方根の利用

1ページ
30分

【根号をふくむ数の乗法，除法】

❶ 次の計算をしなさい。

- □(1) $\sqrt{2} \times \sqrt{7}$
- □(2) $\sqrt{4} \times \sqrt{9}$
- □(3) $-\sqrt{5} \times \sqrt{5}$

( ) ( ) ( )

- □(4) $\sqrt{15} \div \sqrt{3}$
- □(5) $\sqrt{45} \div (-\sqrt{5})$
- □(6) $\dfrac{\sqrt{42}}{\sqrt{7}}$

( ) ( ) ( )

【根号をふくむ数の変形①】

❷ 次の数を，$\sqrt{a}$ の形にしなさい。

- □(1) $3\sqrt{2}$
- □(2) $2\sqrt{7}$
- □(3) $5\sqrt{3}$

( ) ( ) ( )

【根号をふくむ数の変形②】

❸ 次の数を，根号の中の数ができるだけ小さい自然数になるように，$a\sqrt{b}$ の形にしなさい。

- □(1) $\sqrt{24}$
- □(2) $\sqrt{80}$
- □(3) $\sqrt{300}$

( ) ( ) ( )

【根号をふくむ数の変形③】

❹ 次の数を変形しなさい。

- □(1) $\sqrt{\dfrac{11}{100}}$
- □(2) $\sqrt{\dfrac{9}{25}}$
- □(3) $\sqrt{0.75}$

( ) ( ) ( )

【根号をふくむ数の近似値を求める工夫①】

❺ $\sqrt{2} = 1.414$ として，$\dfrac{10}{\sqrt{2}}$ の近似値を求めなさい。
□

( )

【根号をふくむ数の近似値を求める工夫②】

❻ 次の数の分母を有理化しなさい。

- □(1) $\dfrac{\sqrt{2}}{\sqrt{3}}$
- □(2) $\dfrac{8}{\sqrt{2}}$
- □(3) $\dfrac{15}{2\sqrt{5}}$

( ) ( ) ( )

ヒント

❶
$a>0, b>0$ のとき，
$\sqrt{a} \times \sqrt{b} = \sqrt{ab}$，
$\dfrac{\sqrt{a}}{\sqrt{b}} = \sqrt{\dfrac{a}{b}}$

❷
$a>0, b>0$ のとき，
$a\sqrt{b} = \sqrt{a^2 \times b}$

❸
$a>0, b>0$ のとき，
$\sqrt{a^2 \times b} = a\sqrt{b}$

テスト得ダネ

根号の中を，ある数の2乗との積の形で表せるようにすることがポイントです。

❹
(3)分母が100の分数になおして考えます。

❺
最初に，分母を有理化します。

❻
分母と分子に同じ数をかけて，分母に根号のない形になおします。

［解答 ▶ p.7］

【根号をふくむ数の近似値を求める工夫③】

❼ $\sqrt{6}=2.449$，$\sqrt{60}=7.746$として，次の数の近似値を求めなさい。

☐(1) $\sqrt{600}$　　　　☐(2) $\sqrt{600000}$　　　　☐(3) $\sqrt{0.0006}$

(　　　　)　　　　(　　　　)　　　　(　　　　)

❼
(1) $\sqrt{600}=\sqrt{6\times10^2}$
$=10\sqrt{6}$
より，$\sqrt{600}$ は $\sqrt{6}$ の10倍になります。

【根号をふくむいろいろな式の乗法，除法】

❽ 次の計算をしなさい。

☐(1) $(-\sqrt{8})\times(-3\sqrt{5})$　　　☐(2) $\sqrt{18}\times(-\sqrt{24})$

(　　　　)　　　　(　　　　)

☐(3) $(-3\sqrt{30})\div\sqrt{6}$　　　☐(4) $(-\sqrt{12})\times\sqrt{15}\div(-\sqrt{20})$

(　　　　)　　　　(　　　　)

❽
(4)符号を決め，除法を分数の形で表します。

【根号をふくむ数の加法，減法】

❾ 次の計算をしなさい。

☐(1) $\sqrt{7}+4\sqrt{7}$　　　☐(2) $2\sqrt{3}-\sqrt{75}$

(　　　　)　　　　(　　　　)

☐(3) $\sqrt{72}-\sqrt{32}+\sqrt{50}$　　　☐(4) $6\sqrt{5}+\sqrt{24}-\sqrt{125}-4\sqrt{6}$

(　　　　)　　　　(　　　　)

❾
根号の中の数が同じときは，文字式の同類項をまとめるときと同じようにまとめることができます。

【根号をふくむいろいろな式の計算①】

❿ 次の計算をしなさい。

☐(1) $\sqrt{6}-\dfrac{3}{\sqrt{6}}$　　　☐(2) $\sqrt{5}(\sqrt{20}-\sqrt{10})$

(　　　　)　　　　(　　　　)

☐(3) $(\sqrt{7}-\sqrt{2})^2$　　　☐(4) $(\sqrt{20}+3)(\sqrt{20}-7)$

(　　　　)　　　　(　　　　)

❿
分配法則や展開の公式を使って，かっこをはずします。

⊗ミスに注意
$\sqrt{a}\times\sqrt{a}=a$
となるので，展開したあと，まとめることのできる項に注意しましょう。

【根号をふくむいろいろな式の計算②】

⓫ $x=4-3\sqrt{2}$ のときの，式 $x^2-8x+16$ の値を求めなさい。
☐

(　　　　)

⓫
テスト得ダネ
与えられた式を因数分解してから x の値を代入しましょう。

【角材の1辺の長さを求めよう】

⓬ 直径30cmの丸太から，切り口ができるだけ大きな正方形となるような角材を切り出します。切り口の正方形の1辺の長さは何cmになりますか。

(　　　　)

⓬
切り口の正方形を，対角線の長さが30cmのひし形と考えて，まずその面積を求めます。

Step 3 予想テスト ● 2章 平方根

30分　　／100点　目標 80点

❶ 次の問いに答えなさい。知　　　　　　　　　　　　16点((1)各3点, (2)4点)

□(1) 次の ①〜④ に誤りがあれば，下線の部分を正しく書き直しなさい。

① 36 の平方根は $\underline{6}$

② $-\sqrt{36} = \underline{6}$

③ $\sqrt{(-6)^2} = \underline{-6}$

④ $(-\sqrt{6})^2 = \underline{-6}$

□(2) 次の数を大きい順に並べなさい。

$2.6, \dfrac{5}{2}, \sqrt{6}, \sqrt{7}$

❷ 次の問いに答えなさい。知　　　　　　　　　　　　15点(各3点)

□(1) 次の測定値の真の値 a の範囲を，不等号を使って表しなさい。

① 8.30kg　　　　② 55.9km　　　　③ 131L

□(2) 次の測定値を，（ ）内の有効数字の桁数として，整数部分が1桁の小数と 10 の累乗との積の形で表しなさい。

① 東京からロンドンまでの距離 9580km（有効数字3桁）

② 日本の面積 378000km² （有効数字4桁）

❸ 次の数の分母を有理化しなさい。知　　　　　　　　　　9点(各3点)

□(1) $\dfrac{15}{\sqrt{3}}$　　　　□(2) $\dfrac{8}{4\sqrt{2}}$　　　　□(3) $\dfrac{24}{\sqrt{54}}$

❹ $\sqrt{3} = 1.732$ として，次の値を求めなさい。知 考　　　　9点(各3点)

□(1) $\sqrt{12}$　　　　□(2) $\sqrt{108}$　　　　□(3) $\dfrac{3}{4\sqrt{3}}$

❺ 次の計算をしなさい。知　　　　　　　　　　　　　　　　　　36点(各4点)

☐(1)　$-\sqrt{12}\times\sqrt{50}$　　　　☐(2)　$(-\sqrt{32})\times(-\sqrt{72})$　　　☐(3)　$(-3\sqrt{40})\div\sqrt{5}$

☐(4)　$\sqrt{18}\div(-\sqrt{28})\times\sqrt{42}$　　☐(5)　$\sqrt{108}-\sqrt{27}-\sqrt{48}$　　☐(6)　$\sqrt{125}-\dfrac{10}{\sqrt{5}}$

☐(7)　$\sqrt{2}(\sqrt{8}-\sqrt{6})$　　　☐(8)　$(\sqrt{3}+\sqrt{6})^2$　　　　☐(9)　$(7\sqrt{2}+9)(\sqrt{98}-9)$

❻ 次の問いに答えなさい。知　　　　　　　　　　　　　　　　　　8点(各4点)

☐(1)　$x=\sqrt{3}-1$のときの，式x^2+2x-1の値を求めなさい。

☐(2)　$x=\sqrt{6}+1$，$y=\sqrt{6}-1$のときの，式x^2-y^2の値を求めなさい。

点UP **❼** 体積が720cm^3，高さ10cmの正四角柱があります。この正四角柱の底面の1辺の長さを求
☐　めなさい。考　　　　　　　　　　　　　　　　　　　　　　　　7点

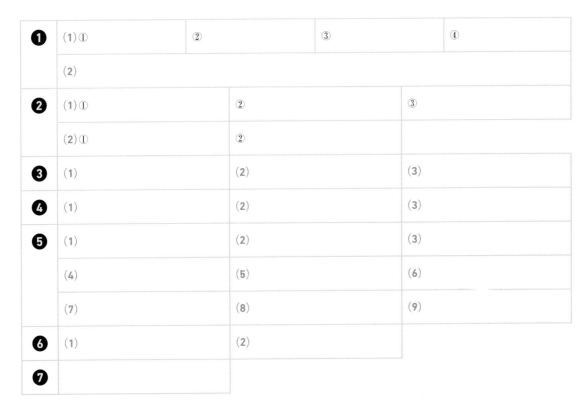

❶	(1)①		②		③		④	
	(2)							
❷	(1)①		②			③		
	(2)①		②					
❸	(1)		(2)			(3)		
❹	(1)		(2)			(3)		
❺	(1)		(2)			(3)		
	(4)		(5)			(6)		
	(7)		(8)			(9)		
❻	(1)		(2)					
❼								

Step 1 基本チェック　1節 2次方程式

15分

教科書のたしかめ　[ ]に入るものを答えよう！

❶ 2次方程式とその解　▶教 p.80-81　Step 2 ❶❷

解答欄

☐(1) 次の⑦〜⑰の方程式のなかで，2次方程式は，[⑰]，[⑰]
⑦ $3x-9=0$　　④ $13x^2=12$　　⑰ $(x+2)(x-3)=0$

(1) ／

❷ 因数分解による2次方程式の解き方　▶教 p.82-85　Step 2 ❸❹

☐(2) $x^2-2x-8=0$ を解く。
左辺を因数分解すると，$(x+[\ 2\ ])(x-[\ 4\ ])=0$
$x+[\ 2\ ]=0$　または　$x-[\ 4\ ]=0$
だから，$x=[\ -2\ ]$　または　$x=[\ 4\ ]$

(2) ／
／
／

❸ 平方根の考えを使った2次方程式の解き方　▶教 p.86-87　Step 2 ❺❻

☐(3) $x^2-2=0$ を解く。
-2 を移項すると，$x^2=[\ 2\ ]$
$x=[\ \pm\sqrt{2}\ ]$

(3)

☐(4) $x^2+2x=1$ を解く。
両辺に $\left(\dfrac{x \text{の係数}}{2}\right)^2$ を加えると，$x^2+2x+[\ 1\ ]=1+[\ 1\ ]$
左辺を因数分解すると，$[\ (x+1)^2\ ]=2$
よって，$x=-1\pm\sqrt{2}$

(4) ／

❹ 2次方程式の解の公式　▶教 p.88-90　Step 2 ❼❽

☐(5) $2x^2-3x-1=0$ を解の公式を使って解きなさい。
$x=\dfrac{-(-3)\pm\sqrt{(-3)^2-[\ 4\ ]\times 2\times(-1)}}{2\times 2}$
$=\left[\ \dfrac{3\pm\sqrt{17}}{4}\ \right]$

(5)

❺ 2次方程式のいろいろな解き方　▶教 p.91　Step 2 ❾

教科書のまとめ　＿＿＿に入るものを答えよう！

☐ すべての項を左辺に移項して簡単にしたとき，左辺が x の2次式になる方程式，つまり，
$ax^2+bx+c=0$（a, b, c は定数，$a\neq 0$）の形になる方程式を，x についての <u>2次方程式</u> という。

☐ 2次方程式を成り立たせる文字の値を，その2次方程式の <u>解</u> といい，すべての解を求めることを，その2次方程式を <u>解く</u> という。

☐ 2次方程式 $ax^2+bx+c=0$ の解の公式　$x=\dfrac{-b\pm\sqrt{b^2-4ac}}{2a}$

Step 2 予想問題 **1節 2次方程式**

1ページ
30分

3章

【2次方程式とその解①】

❶ 次の方程式のなかで，2次方程式はどれですか。

⑦ $6x+30=0$ ⑦ $3x^2-12=0$ ⑦ $x^2+6=5x$

⑦ $x^2-2x=x^2+8$ ㋠ $(x+1)(x-4)=0$ ㋕ $x(x^2-2)=0$

( )

【2次方程式とその解②】

❷ 次の方程式のなかで，-2 と 5 がともに解である2次方程式はどれですか。

⑦ $x^2+7x+10=0$ ⑦ $x^2-7x+10=0$

⑦ $x^2+3x-10=0$ ㋐ $x^2-3x-10=0$

( )

【因数分解による2次方程式の解き方①】

よく出る

❸ 次の2次方程式を解きなさい。

□(1) $(x-3)(x+6)=0$ □(2) $(x+1)(3x+2)=0$

( )   ( )

□(3) $x^2-9x+18=0$ □(4) $x^2+4x-5=0$

( )   ( )

□(5) $x^2+14x+48=0$ □(6) $x^2-3x-28=0$

( )   ( )

□(7) $x^2-4x+4=0$ □(8) $x^2+16x+64=0$

( )   ( )

□(9) $x^2=4x$ □(10) $2x^2+5x=0$

( )   ( )

□(11) $x^2-25=0$ □(12) $-x^2+9=0$

( )   ( )

💡**ヒント**

❶
すべての項を左辺に移項したあと，$ax^2+bx+c=0$（a, b, c は定数，$a \neq 0$）の形に変形できる方程式を見つけます。

❷
それぞれの式に $x=-2$, $x=5$ を代入して，代入した式が2つとも成り立つものを選びます。

❸
2つの数や式 A, B について，
　$AB=0$ ならば
　$A=0$ または $B=0$
であることを利用します。

📄**テスト得ダネ**

2次方程式を解く問題では，まず因数分解できないかを考えましょう。

❌**ミスに注意**

(9)(10)$x=0$ の場合があるので，両辺を x でわることができないことに注意しましょう。

【因数分解による2次方程式の解き方②】

❹ 次の2次方程式を解きなさい。

□(1) $4x^2 + 12x - 40 = 0$

$(\qquad\qquad)$

□(2) $18x = 3x^2 + 27$

$(\qquad\qquad)$

□(3) $5x^2 = 50x - 120$

$(\qquad\qquad)$

□(4) $2x^2 + 4x + 7 = 1 - 4x$

$(\qquad\qquad)$

□(5) $x(x-7) = 18$

$(\qquad\qquad)$

□(6) $(x+3)(x-6) = -20$

$(\qquad\qquad)$

□(7) $(x+3)^2 = 2x + 5$

$(\qquad\qquad)$

□(8) $(x+6)^2 = 9(x-6)^2$

$(\qquad\qquad)$

【平方根の考えを使った2次方程式の解き方①】

❺ 次の2次方程式を解きなさい。

□(1) $x^2 - 6 = 0$

$(\qquad\qquad)$

□(2) $5x^2 - 80 = 0$

$(\qquad\qquad)$

□(3) $3x^2 - 36 = 0$

$(\qquad\qquad)$

□(4) $16x^2 - 9 = 0$

$(\qquad\qquad)$

□(5) $(x+2)^2 = 5$

$(\qquad\qquad)$

□(6) $(x-1)^2 = 18$

$(\qquad\qquad)$

□(7) $(x-5)^2 = 16$

$(\qquad\qquad)$

□(8) $4(x+1)^2 = 9$

$(\qquad\qquad)$

【平方根の考えを使った2次方程式の解き方②】

❻ 次の2次方程式を，$(x$ の1次式$)^2 = k$ の形にして解きなさい。

□(1) $x^2 + 4x = -1$

□(2) $x^2 - 6x = 3$

$(\qquad\qquad)$ $(\qquad\qquad)$

💡ヒント

❹

(2)移項して，
(2次式)＝0の形に
してから，x^2 の係
数が1になるように，
両辺を同じ数でわり
ます。

(5)〜(8)まず，（　）の部
分を展開します。次
に，移項して，
$ax^2 + bx + c = 0$ の
形に整理し，左辺を
因数分解しましょう。

❺

$ax^2 + c = 0$ の形の2次
方程式は，$x^2 = k$ の形
にしてから，k の平方
根を求めることによっ
て解きます。

$(x+p)^2 = q$ の形をし
た2次方程式は，かっ
この中をひとまとまり
にみます。

❌ ┃ ミスに注意

(7)解を $x = 5 \pm 4$ と
しないようにしま
しょう。$x = 5 + 4$,
$5 - 4$ をそれぞれ計
算して解を求めま
しょう。

❻

両辺に $\left(\dfrac{x \text{の係数}}{2}\right)^2$ を
加えて $(x + ▲)^2 = ●$
の形に変形します。

[解答 ▶ p.10-12]

【2次方程式の解の公式①】

7 $2x^2+5x+1=0$ を，解の公式を使って解きました。（ ）にあてはまる数を答えなさい。

解の公式 $x=\dfrac{-b\pm\sqrt{b^2-4ac}}{2a}$ に，$a=($ ㋐ $)$，$b=($ ㋑ $)$，$c=($ ㋒ $)$ を代入すると，

$$x=\dfrac{(㋓\ )\pm\sqrt{(㋔\ )^2-4\times(㋕\ )\times((㋖\ ))}}{2\times(㋗\ )}$$

$$=\dfrac{(㋘\ )\pm\sqrt{(㋙\ )-(㋚\ )}}{(㋛\ )}=\dfrac{(㋜\ )\pm\sqrt{(㋝\ )}}{(㋞\ )}$$

ヒント

7
解の公式に代入する a, b, c の値を確認しましょう。解が約分できるかどうかも確認します。

【2次方程式の解の公式②】

8 次の2次方程式を，解の公式を使って解きなさい。

よく出る

□(1) $x^2+3x+1=0$　　　　□(2) $3x^2-2x-2=0$

( )　　　　　　　　　( )

□(3) $2x^2-4x-1=0$　　　　□(4) $6x^2-7x-3=0$

( )　　　　　　　　　( )

□(5) $x^2+4x-8=0$　　　　□(6) $2x^2-5x+3=0$

( )　　　　　　　　　( )

□(7) $x^2-1=x$　　　　　　□(8) $2x^2-3x-2=3$

( )　　　　　　　　　( )

8

テスト得ダネ

x^2 の係数が1にならない2次方程式では，解の公式が有効なことが多いです。解の公式を正確に覚えて使いこなせるようにしておきましょう。

【2次方程式のいろいろな解き方】

9 次の2次方程式を適当な方法で解きなさい。

点UP

□(1) $(x+3)^2-49=0$　　　□(2) $18x^2=12x-2$

( )　　　　　　　　　( )

9

2次方程式の解き方には次の3つがあります。

・因数分解を使った解き方

・平方根の考えを使った解き方

・解の公式を使った解き方

Step 1 基本チェック　2節 2次方程式の利用

15分

教科書のたしかめ　[ ]に入るものを答えよう!

❶ 2次方程式を使って数や図形の問題を解決しよう

▶ 教 p.93-94　Step 2 ❶-❸

解答欄

□(1) 大小 2つの自然数がある。その差は 3で, 積は 28 になる。この 2つの自然数を求めなさい。

小さいほうの自然数を x とすると, 大きいほうの自然数は,

$[x+3]$ だから, $x([x+3])=28$

$$x^2+[3]x-[28]=0$$
$$(x+[7])(x-[4])=0$$
$$x=[-7], \ x=[4]$$

x は自然数だから, $x=[-7]$ は問題の答えとすることはできない。したがって, $x=[4]$

答　[4]と[7]

(1)

❷ 通路の幅を決めよう

▶ 教 p.95-96　Step 2 ❹

□(2) 右の図のような長方形の土地に, 縦, 横に同じ幅の道路をつけて, 花壇を 2 個作ったところ, 道路の面積がもとの土地の面積の半分になりました。道路の幅を求めなさい。

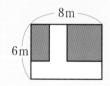

8m

6m

道路の幅を x m とすると,

$$x\times 8+([6-x])\times x=[6\times 8]\times \frac{1}{2}$$
$$x^2-[14]x+[24]=0$$
$$(x-[2])(x-[12])=0$$
$$x=[2], \ x=[12]$$

$x<[6]$ でなければならないから, $x=[12]$ は問題の答えとすることはできない。したがって, $x=[2]$

答　道路の幅は[2]m

(2)

教科書のまとめ　＿＿に入るものを答えよう!

□ 方程式を使って問題を解く手順

❶わかっている数量と求める数量を明らかにし, 何を x にするかを決める。

❷ 等しい関係 にある数量を見つけて方程式をつくる。

❸方程式を解く。

❹方程式の解を 問題の答えとしてよいかどうか を確かめ, 答えを決める。

Step 2 予想問題 ｜ **2節 2次方程式の利用**

 1ページ **30分**

【2次方程式を使って数や図形の問題を解決しよう①】

❶ 連続する3つの自然数があり，最も小さい数の2乗が残りの2つの数の和に等しいという。それらの自然数を求めなさい。

（　　　　　　　）

【2次方程式を使って数や図形の問題を解決しよう②】

❷ 連続する2つの正の奇数があり，積が255であるという。それらの奇数を求めなさい。

（　　　　　　　）

【2次方程式を使って数や図形の問題を解決しよう③】

 ❸ AB＝12cm，BC＝24cmの長方形ABCDがあります。点Pは，辺BC上を毎秒2cmの速さでBからCまで動き，点Qは，辺CD上を毎秒1cmの速さでCからDまで動きます。
P，Qが同時に出発するとき，△PCQの面積が32cm²になるのは何秒後ですか。

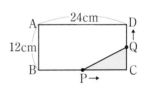

（　　　　　　　）

【通路の幅を決めよう】

 ❹ 縦の長さが30m，横の長さが36mの長方形の土地に，右の図のように，等しい幅の道をつくり，残りの色のついた部分を花壇にする。花壇の面積を720m²にするとき，次の(1)，(2)に答えなさい。

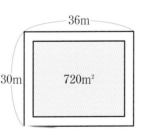

□(1) 道の幅を x m として，方程式をつくりなさい。

（　　　　　　　）

□(2) 道の幅を求めなさい。

（　　　　　　　）

Step 3 予想テスト　**3章 2次方程式**

30分　/100点　目標 80点

❶ 次の方程式のなかで，-2 と 1 がともに解である 2 次方程式はどれですか。 **知**　　　4点

- ㋐　$(x-2)(x+1)=0$
- ㋑　$x^2-x+2=0$
- ㋒　$x^2+x-2=0$
- ㋓　$x^2-x-2=0$

❷ 次の 2 次方程式を解きなさい。 **知**　　　48点（各4点）

(1)　$x^2+8x+7=0$

(2)　$x^2+5x-24=0$

(3)　$x^2+12x+36=0$

(4)　$x^2-x-20=0$

(5)　$x^2+100=20x$

(6)　$x^2-16x=-63$

(7)　$x^2-24=0$

(8)　$81x^2-4=0$

(9)　$(x+4)^2-20=0$

(10)　$(x-3)^2-49=0$

(11)　$2x^2-7x+4=0$

(12)　$3x^2+2x-8=0$

❸ 次の 2 次方程式を解きなさい。 **知**　　　24点（各4点）

(1)　$4x^2=16x+48$

(2)　$(x+2)^2=3x+10$

(3)　$(x-1)(x+4)=x-5$

(4)　$(x-2)^2=3(x+4)$

(5)　$(x+1)(x+3)=9$

(6)　$(2x-1)^2=3(x+1)$

4 2次方程式 $x^2+4x+a=0$ の 1 つの解が 4 であるとき，次の(1)，(2)に答えなさい。[知] [考]

8点(各4点)

□(1)　a の値を求めなさい。

□(2)　ほかの解を求めなさい。

5 次の(1)，(2)に答えなさい。[考]

8点(各4点)

□(1)　2 つの自然数があり，その和は 20 で，積は 96 となる。この 2 つの自然数を求めなさい。

□(2)　連続する 3 つの自然数がある。この 3 つの自然数をそれぞれ 2 乗した数の和は，最も大きい数の 6 倍に 5 を加えたものに等しくなるという。それらの自然数を求めなさい。

6 右の図のような横の長さが縦の長さより 5cm 長い長方形の紙がある。この紙の 4 すみから 1 辺の長さが 3cm の正方形を切り取って箱を作ると，容積が $108\,\mathrm{cm}^3$ になった。もとの長方形の紙の縦の長さを求めなさい。[考]

8点

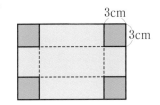

3cm
3cm

❶			
❷	(1)	(2)	(3)
	(4)	(5)	(6)
	(7)	(8)	(9)
	(10)	(11)	(12)
❸	(1)	(2)	(3)
	(4)	(5)	(6)
❹	(1)		(2)
❺	(1)		(2)
❻			

Step 1 基本チェック ● 1節 関数 $y = ax^2$

15分

教科書のたしかめ　[　]に入るものを答えよう！

1節 関数 $y = ax^2$　▶ 教 p.104-123　Step 2 ❶-❹

解答欄

□(1) 底面が1辺 x cm の正方形で，高さが7cm の正四角柱の体積を
　　 y cm³ とするとき，y を x の式で表すと，[$y = 7x^2$]

(1)

□(2) 関数 $y = 3x^2$ のグラフは，$y = x^2$ のグラフ上の1つ1つの点につ
　　 いて，[y]座標を[3]倍にした点の集合である。

(2)

□(3) 関数 $y = 2x^2$ のグラフと $y =$ [$-2x^2$]のグラフは，x 軸について
　　 対称である。

(3)

□(4) 関数 $y = x^2$ で，x の変域が $-2 \leqq x \leqq 1$ のときの
　　 y の変域を求めなさい。
　　 グラフは右の実線部分になる。
　　 $x =$ [0]のとき，y は最小値[0]
　　 $x =$ [-2]のとき，y は最大値[4]
　　 したがって，y の変域は[0] $\leqq y \leqq$ [4]

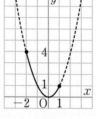

(4)

□(5) 関数 $y = x^2$ で，x の値が2から5まで増加するときの変化の割
　　 合は，$\dfrac{(y \text{の増加量})}{(x \text{の増加量})} = \dfrac{[25] - [4]}{5 - 2} = [7]$

(5)

□(6) y が x の2乗に比例し，$x = 2$ のとき $y = 16$ である。このとき，
　　 y を x の式で表しなさい。
　　 y は x の2乗に比例するから，比例定数を a とすると，$y = ax^2$
　　 と表される。$y = ax^2$ に $x = 2$，$y = 16$ を代入すると，
　　　[16] $= a \times$ [2]²
　　　$a =$ [4]
　　 よって，$y =$ [$4x^2$]

(6)

教科書のまとめ　＿＿に入るものを答えよう！

□ 関数 $y = ax^2$ のグラフ

1 原点 を通り，y 軸 について対称な曲線である。

2 $a > 0$ のとき，上に 開き，$a < 0$ のとき，下に 開く。

3 a の絶対値が大きいほど，グラフの開き方は 小さく なる。

4 a の絶対値が等しく符号が異なる2つのグラフは，x 軸 について 対称 である。

□ 関数 $y = ax^2$ のグラフは 放物線 といわれる曲線である。放物線の対称軸をその放物線の 軸 と
　 いい，軸との交点を放物線の 頂点 という。

□ 関数 $y = ax^2$ では，1次関数の場合とちがって，その 変化の割合 は一定ではない。

Step 2 予想問題 **1 節 関数 $y=ax^2$**

1ページ
30分

【関数 $y=ax^2$】

❶ 次の(1)，(2)について，y を x の式で表しなさい。

□(1) １辺の長さが x cm の立方体の表面積が y cm^2

( )

□(2) 周の長さが x cm の正方形の面積が y cm^2

( )

【関数 $y=ax^2$ の変化の割合】

❷ 関数 $y=\dfrac{1}{2}x^2$ で，x の値が次のように増加するときの変化の割合を求めなさい。

□(1) １から５まで □(2) -8 から -2 まで

( ) ( )

【関数 $y=ax^2$ の式の求め方①】

❸ 次の場合について y を x の式で表しなさい。

□(1) y が x の２乗に比例し，$x=-3$ のとき $y=18$ である。

( )

□(2) x と y の関係が $y=ax^2$ で表され，$x=6$ のとき $y=-12$ である。

( )

【関数 $y=ax^2$ の式の求め方②】

❹ 右の図の放物線は，関数 $y=ax^2$ のグラフです。このとき，y を x の式で表しなさい。

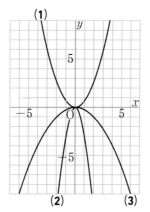

□(1) ( )

□(2) ( )

□(3) ( )

ヒント

❶
(1)立方体の表面積は，
 １辺×１辺×6
(2)正方形の１辺の長さ
 は，周の長さ ÷4

❷
関数 $y=ax^2$ では，変
化の割合は一定ではあ
りません。
（変化の割合）
$=\dfrac{(y \text{ の増加量})}{(x \text{ の増加量})}$

❸
$y=ax^2$ の式に x，y
の値を代入して，a に
ついての方程式をつく
ります。

❹
グラフが通る点のうち，
x 座標と y 座標が整数
値の点を見つけ，その
点の座標を $y=ax^2$ に
代入します。

4章

Step 1　基本チェック　2節 関数の利用

15分

教科書のたしかめ　[ ]に入るものを答えよう!

2節 関数の利用　▶教 p.124-129　Step 2 ❶❷

解答欄

□(1) 長さ 20 m の坂の上からボールを転がすと，ボールは転がり始め

てから x 秒間に $\frac{1}{3}x^2$ m 進む。また，A さんは，ボールを転がし

始めるのと同時に，秒速 2 m で坂をおり始めた。次の問いに答え

なさい。

　⑦ボールが坂を転がり始めてから x 秒間に進む距離を y m として，

　　y を x の式で表すと，$y=\left[\ \frac{1}{3}x^2\ \right]$

　④A さんが坂をおり始めてから x 秒間に進む距離を y m として，

　　y を x の式で表すと，$y=[\ 2x\ ]$

　⑦右のグラフは，ボールの進行のよう

　　を示したものです。ここに，A さんの

　　進行のようすを示すグラフをかき加え

　　なさい。

　⑤A さんがボールに追いつかれるのは，

　　坂をおり始めてから[6]秒後で，坂

　　の上から[12]m 地点のところである。

(1)⑦

　④

　⑦

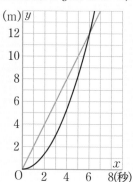
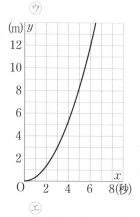

⑤

□(2) 右のグラフは，500 g までの定形外郵

便物の重さ x g と郵便料金 y 円の関係

を表している。次の問いに答えなさい。

　⑦80 g の郵便物の料金は[140]円で

　　ある。

　④250 g の郵便物の料金は[250]円である。

　⑦210 円で郵送できる郵便物の重さは，[100]g より重く，

　　[150]g 以下のものである。

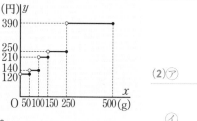

(2)⑦

　④

　⑦

教科書のまとめ　＿＿に入るものを答えよう!

□ A さん，B さんが出発してから x 秒間で進む距離を y m とし，進行のよ

うすを表したグラフが右の図のようになるとき，グラフの交点の x 座標

は，A さんが B さんに追いつくまでの <u>時間</u> を表している。y 座標は，A

さんが B さんに追いつくまでの <u>距離</u> を表している。

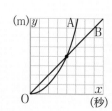

Step 2　予想問題 ● 2節 関数の利用

1ページ
30分

【図形のなかに現れる関数について調べよう】

❶ 1辺が 6 cm の正方形 ABCD の辺上を，点 P は A から B まで秒速 1 cm で，点 Q は A から D を通って C まで秒速 2 cm で動く。P，Q が A を同時に出発してから x 秒後の △APQ の面積を y cm² とするとき，次の(1)～(4)に答えなさい。

☐(1)　$0 \leqq x \leqq 3$ のとき，y を x の式で表しなさい。

（　　　　　　　）

☐(2)　$3 \leqq x \leqq 6$ のとき，y を x の式で表しなさい。

（　　　　　　　）

☐(3)　x と y の関係をグラフに表しなさい。

☐(4)　△APQ の面積が 15 cm² になるのは何秒後ですか。

（　　　　　　　）

ヒント

❶

(1) △APQ
　$= \dfrac{1}{2} \times AP \times AQ$

(2) △APQ
　$= \dfrac{1}{2} \times AP \times AD$

(3) グラフは，
　$0 \leqq x \leqq 3$ のときは放物線，$3 \leqq x \leqq 6$ のときは直線になります。

📖 テスト得ダネ

図形の辺上を動く点の問題では，点の位置関係によって，y を表す式が変わってくるよ。x の変域によって，場合分けして考えることがポイントです。

4章

【いろいろな関数について調べよう】

❷ 右のグラフは，ある鉄道の乗車距離 x km と運賃 y 円の関係を表している。これについて，次の(1)～(3)に答えなさい。

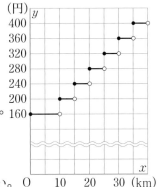

☐(1)　y は x の関数であるといえますか。また，x は y の関数であるといえますか。

　y は x の関数であると（　　　　　　）。
　x は y の関数であると（　　　　　　）。

☐(2)　乗車距離が次のときの運賃を求めなさい。

　①　12km　　　　　②　25km

（　　　　　　）　　　　（　　　　　　）

☐(3)　乗車料金が 360 円である乗車距離の範囲を求めなさい。

（　　　　　　　　）

❷

「●」はふくむ，「○」はふくまないことを表しています。

Step **3** 予想テスト : **4 章 関数** 30分 /100点 目標 80点

❶ x と y の関係が $y=ax^2$ で表され，$x=2$ のとき $y=-\dfrac{1}{2}$ である。これについて，次の

(1)～(4)に答えなさい。 知 *20点(各5点)*

☐(1) a の値を求めなさい。

☐(2) $x=-4$ に対応する y の値を求めなさい。

☐(3) x の値が 4 から 8 まで増加するときの変化の割合を求めなさい。

☐(4) x の変域が $-8\leqq x\leqq 4$ のときの y の変域を求めなさい。

❷ 右の図の(1)～(3)の放物線は，それぞれ次の㋐～㋔のどの関数

のグラフですか。 知 *18点(各6点)*

㋐ $y=x^2$ ㋑ $y=3x^2$

㋒ $y=-2x^2$ ㋓ $y=-\dfrac{1}{2}x^2$

㋔ $y=\dfrac{1}{3}x^2$

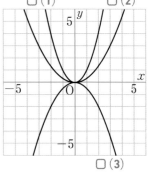

☐(1) ☐(2) ☐(3)

❸ 次の(1)～(4)にあてはまるものを，下の㋐～㋔のなかからすべて選びなさい。 知 *20点(各5点)*

☐(1) グラフが点 $(-4,\ 8)$ を通る。

☐(2) グラフが上に開く放物線である。

☐(3) $x>0$ のとき，x の値が増加すると対応する y の値は減少する。

☐(4) グラフが $y=2x^2$ と x 軸について対称である。

㋐ $y=-2x$ ㋑ $y=4x^2$ ㋒ $y=-2x^2$

㋓ $y=\dfrac{1}{2}x^2$ ㋔ $y=-\dfrac{1}{4}x^2$

❹ ある物体を落としてからの時間を x 秒，その間に物体が落下した距離を y m とすると，$y=5x^2$ という関係がありました。このとき，次の(1)〜(3)に答えなさい。考 18点(各6点)

□(1) ある物体を落としてから地面に落ちるまでに，2秒かかりました。この物体を何mの高さから落としましたか。

□(2) ある物体を80mの高さから落とすと，地面に落ちるまでに何秒かかりますか。

□(3) ある物体が落下しはじめてから，3秒後から5秒後までの平均の速さを求めなさい。

❺ 右の図のように，2つの直角二等辺三角形 ABC，DEF が直線 ℓ 上で重なっています。EC の長さを x cm，2つの図形が重なる部分の面積を y cm² として，次の(1)〜(4)に答えなさい。考 24点(各6点)

□(1) x の変域が $0 \leqq x \leqq 4$ のとき，y を x の式で表しなさい。

□(2) 重なった部分の面積が，△ABC の面積の半分になるとき，x の値を求めなさい。

□(3) x の変域が $4 \leqq x \leqq 6$ のとき，y の式をかきなさい。

□(4) x の変域が $0 \leqq x \leqq 6$ のとき，y のグラフを解答欄の図にかきなさい。

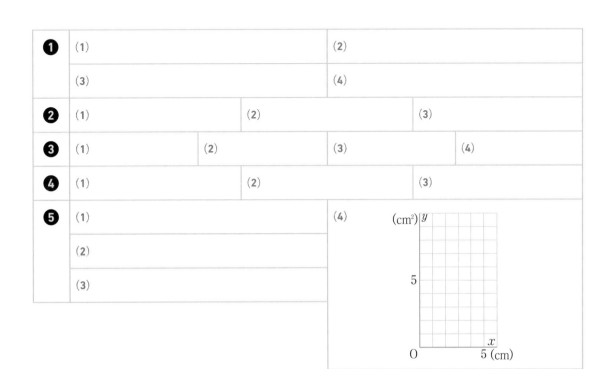

Step 1　基本チェック　1節 相似な図形　15分

教科書のたしかめ　[　]に入るものを答えよう！

| 1節 相似な図形　▶ 教 p.138-149　Step 2 **❶**-**❼** | 解答欄 |

□(1)　右の図形イは図形アの[2]倍の
　　　[拡大]図で，図形アとイが相似
　　　であることを記号を使って表すと，
　　　四角形ABCD[∽]四角形[EFGH]

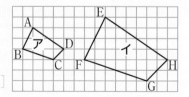

(1)

右下の図において，四角形 ABCD∽四角形 EFGH のとき，

□(2)　四角形 ABCD と四角形 EFGH の相似比
　　　は[3:2]で，EF＝x cm とすると，
　　　　[18]：x＝3：2
　　　　　　3x＝[36]
　　　　　　　x＝[12]　　よって，EF＝[12]cm

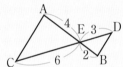

(2)

□(3)　AD＝[30]cm，∠A＝[80]°，∠H＝[67]°

(3)

□(4)　右の図で，[2組の辺の比]が等しく，
　　　[その間の角]が等しいので，
　　　△ACE[∽]△[BDE]である。

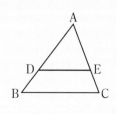

(4)

□(5)　右の図で，DE∥BC である。
　　　△ABC∽△ADE であることを証明しなさい。

　　　〔証明〕△ABC と △ADE で，
　　　共通な角だから，∠BAC＝∠[DAE]……①
　　　DE∥BC より，[同位角]は等しいから，
　　　　∠ABC＝∠[ADE]……②
　　　①，②から，[2組の角]がそれぞれ等しいので，
　　　　△ABC[∽]△ADE

(5)

教科書のまとめ　____ に入るものを答えよう！

□ **相似な図形の性質**　相似な図形では，対応する 線分の比 はすべて等しく，対応する 角 はそ
　れぞれ等しい。また，相似な図形の対応する線分の比を，それらの図形の 相似比 という。

□ 相似な図形の対応する2点を通る直線がすべて1点 O で交わり，O から対応する点までの距離
　の比がすべて等しいとき，それらの図形は 相似の位置 にあるといい，O を 相似の中心 という。

□ **三角形の相似条件**　1　3組の 辺の比 がすべて等しい。

　　　　　　　　　　　　2　2組の 辺の比 が等しく， その間の角 が等しい。

　　　　　　　　　　　　3　2組の 角 がそれぞれ等しい。

Step 2 予想問題 : **1節 相似な図形**

1ページ 30分

【図形の拡大・縮小と相似】

❶ 右の図の四角形アと四角形イは相似である。次の(1)，(2)に答えなさい。

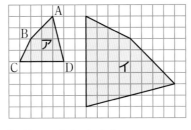

☐(1) 四角形アの4つの頂点 A，B，C，D に対応する頂点 A′，B′，C′，D′ を，四角形イにかきなさい。

☐(2) 四角形イを何倍にどうすれば，四角形アになりますか。

( )

【相似な図形の性質と相似比】

❷ 右の図で，△ABC∽△DEF である。相似比と x，y の値を求めなさい。

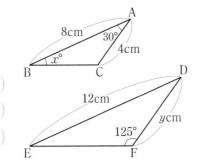

相似比( )

$x =$ ( )

$y =$ ( )

【相似の位置①】

❸ 次の図の点 O を相似の中心として，図形アと相似で，その相似比が 2：1 である図形イをかきなさい。

☐(1)

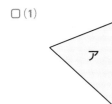

☐(2)

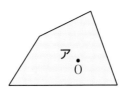

【相似の位置②】

❹ 右の図で，2つの三角形は点 O を相似の中心として相似の位置にある。OA：OD＝3：5 のとき，OB：OE，OC：CF の比をそれぞれ求めなさい。

OB：OE＝( )

OC：CF＝( )

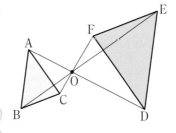

ヒント

❶ 対応する辺の長さの比が全部等しく，対応する角の大きさがそれぞれ等しくなるようにのばした図を拡大図，また，縮めた図を縮図といいます。

❷ 相似な図形では，
・対応する線分の比はすべて等しい。
・対応する角はそれぞれ等しい。

ミスに注意
相似比は，最も簡単な整数の比で表しましょう。

❸ 図形アと図形イの対応する頂点を A，A′ とすると，
OA：OA′＝2：1
となります。

❹ 相似の位置にある2つの図形では，相似の中心から対応する点までの距離の比がすべて等しくなります。

【相似な三角形と相似条件】

❺ 次の図のなかから相似な三角形の組を3組見つけなさい。
また，そのときに使った相似条件を書きなさい。

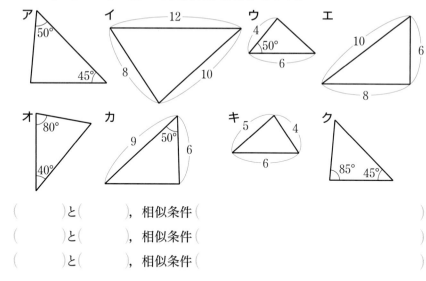

（　　　）と（　　　　），相似条件（　　　　　　　　　　　）

（　　　）と（　　　　），相似条件（　　　　　　　　　　　）

（　　　）と（　　　　），相似条件（　　　　　　　　　　　）

ヒント

❺

三角形の相似条件

1　3組の辺の比がすべて等しい。

2　2組の辺の比が等しく，その間の角が等しい。

3　2組の角がそれぞれ等しい。

【三角形の相似条件を使った証明①】

❻ 右の図の直角三角形 ABC で，点 A から辺
BC へ垂線をひき，BC との交点を D とす
るとき，次の(1)，(2)に答えなさい。

□(1)　△ABC∽△DAC であることを証明し
なさい。

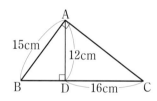

❻

テスト得ダネ

三角形の相似の証明問題では，三角形の相似条件のうちで，「2組の角がそれぞれ等しい」がいちばんよく使われます。まず，この条件が使えるかどうかを考えてみましょう。

□(2)　AC，BD の長さを求めなさい。

AC（　　　　　），BD（　　　　　）

【三角形の相似条件を使った証明②】

❼ 右の図で，AD＝8cm，DB＝12cm，
AE＝10cm，EC＝6cm である。このとき，
△ABC∽△AED であることを証明しなさい。

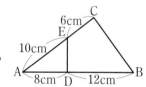

❼

相似な三角形を取り出して向きをそろえ，対応する辺の比をとって比べます。

Step 1 基本チェック ▶ 2節 図形と比

15分

教科書のたしかめ [ ]に入るものを答えよう！

2節 図形と比 ▶教 p.150-161 Step 2 ❶-❼

解答欄

□(1) 右の図で，DE∥BC である。x，y の値を求めなさい。

AD：DB＝AE：[EC]だから，

8：[4]＝x：[2]　よって，x＝[4]

AD：AB＝DE：[BC]だから，

8：[12]＝[8]：y　よって，y＝[12]

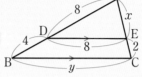

(1)

□(2) 右の図で，直線 p，q，r は平行である。x，y の値を求めなさい。

4：x＝5：[10]

これを解くと，x＝[8]

5：10＝y：[9]

これを解くと，y＝[4.5]

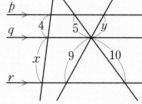

(2)

□(3) 右の図で，点 M，N はそれぞれ辺 AB，AC の中点です。x，y の値を求めなさい。

MN＝4 より，x＝[8]

また，MN∥BC より，$y°$＝[70]°

(3)

□(4) △ABC で，∠A の二等分線と辺 BC との交点を D とすると，

AB：AC＝[BD]：[DC]　である。

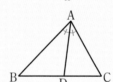

(4)

····································

教科書のまとめ ＿＿に入るものを答えよう！

□ △ABC で，辺 AB，AC 上の点をそれぞれ D，E とする。

1　DE∥BC ならば，AD：AB＝AE：<u>AC</u> ＝DE：<u>BC</u>

2　DE∥BC ならば，AD：DB＝ <u>AE</u> ：<u>EC</u>

□ △ABC で，辺 AB，AC 上の点をそれぞれ D，E とする。

1′　AD：AB＝AE：AC ならば，<u>DE∥BC</u>

2′　AD：DB＝AE：EC ならば，<u>DE∥BC</u>

□ 3つ以上の平行線に，1つの直線がどのように交わっても，その直線は平行線によって一定の比に分けられる。右の図で，a：b＝ <u>a'</u> ： <u>b'</u>

□ 右の図で，△ABC の2辺 AB，AC の中点をそれぞれ M，N とするとき，

MN ∥ BC，MN＝$\frac{1}{2}$ BC が成り立つ。この定理を <u>中点連結</u> 定理という。

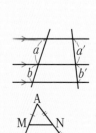

5章

Step 2 　予想問題　 **2節 図形と比**

1ページ
30分

【三角形と比①】

❶ 次の図で，DE∥BC です。x，y の値を求めなさい。

□(1)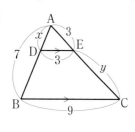

□(2)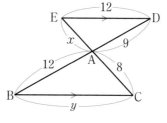

$x=($ 　　　 $)$，$y=($ 　　　 $)$　　　　　　$x=($ 　　　 $)$，$y=($ 　　　 $)$

ヒント

❶
三角形と比の定理を使って求めます。

✖|ミスに注意
対応する辺をとりちがえないように注意しましょう。

【三角形と比②】

❷ 右の図の四角形 ABCD は，AD∥BC の台形で，
AD＝10cm，BC＝15cm，EF∥BC である。
このとき，EF の長さを求めなさい。

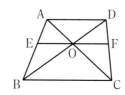

$($ 　　　　　 $)$

❷
まず，AD∥BC から，OA：OC を求める。次に，EF∥BC から，AO：AC＝EO：BC より，EO の長さを求めます。

【三角形と比の定理の逆】

❸ 右の図で，平行な線分の組を見つけ，その理由を答えなさい。

$($ 　　　 $)$と$($ 　　　 $)$

理由 $\Big($ 　　　　　　　 $\Big)$

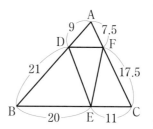

❸
三角形と比の定理の逆を使って，DE と AC，FE と AB，DF と BC の関係を調べます。

【平行線と線分の比】

❹ 次の図で，直線 p，q，r，s は平行です。x，y の値を求めなさい。

□(1)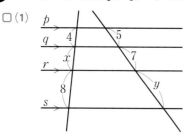

□(2)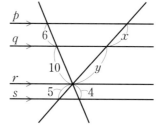

$x=($ 　　　 $)$，$y=($ 　　　 $)$　　　　　　$x=($ 　　　 $)$，$y=($ 　　　 $)$

❹
平行線と線分の比の定理を使います。
(2)平行線と交わる2つの直線が交差していても，平行線と線分の比の定理が使えます。

[解答▶p.19]

【中点連結定理①】

❺ 右の図の四角形 ABCD で，辺 AB，BC，CD，DA の中点をそれぞれ P，Q，R，S とする。次の(1)，(2)に答えなさい。

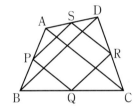

□(1)　四角形 PQRS は平行四辺形であることを証明しなさい。

❺
(1)△ABC で中点連結定理を使って，PQと AC の関係を考えます。

📋テスト得ダネ

図形の中に中点を結ぶ線分が出てきたら，中点連結定理が使えるかどうかを考えましょう。

□(2)　対角線 AC と BD が次の ①，② のとき，四角形 PQRS はどんな四角形になりますか。

①　AC＝BD　　　　　　　②　AC⊥BD

（　　　　　　　）　　　　（　　　　　　　）

【中点連結定理②】

❻ 右の図で，点 M，N，P，Q は各辺の中点です。x，y の値を求めなさい。

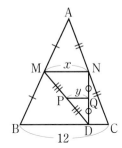

$x=$（　　　　），$y=$（　　　　）

❻
△ABC と △DMN で中点連結定理が使えます。

❌ミスに注意

対象となる三角形がわかりにくいときは，その三角形だけを取り出してかき表してみましょう。

【三角形の角の二等分線と比】

❼ 右の図で，∠BAD＝∠CAD です。AB＝15cm，BC＝18cm，CA＝9cm のとき，次の(1)，(2)に答えなさい。

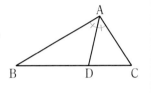

□(1)　BD：CD を求めなさい。

（　　　　　　　）

□(2)　DC の長さを求めなさい。

（　　　　　　　）

❼
三角形の角の二等分線と比の定理

AB：AC＝BD：CD
を使います。

Step 1　**基本チェック**　**3節 相似な図形の面積と体積**
4節 相似な図形の利用

15分

教科書のたしかめ　[　]に入るものを答えよう！

3節 相似な図形の面積と体積　▶教 p.162-166　Step 2 ❶-❸

解答欄

□(1)　右の図で，△ABC∽△DEF のとき，

相似比は，$6:8=3:[\ 4\ ]$

面積の比は，$3^2:[\ 4^2\ ]=9:[\ 16\ ]$

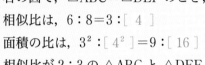

(1)　　／

□(2)　相似比が $2:3$ の △ABC と △DEF で，

△ABC の面積が $8\,\text{cm}^2$ のとき，△DEF の面積 $x\,\text{cm}^2$ を求めると，

$8:x=[\ 2^2\ ]:3^2=[\ 4:9\ ]$

これを解くと，$x=[\ 18\ ](\text{cm}^2)$

(2)　　／

□(3)　右の図で，直方体アとイは相似である。

アとイの相似比は，$1:[\ k\ ]$ だから，

表面積の比は，$[\ 1:k^2\ ]$

体積の比は，$[\ 1:k^3\ ]$

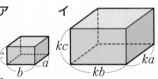

(3)

□(4)　2つの球の半径の比が $3:5$ であるとき，

表面積の比は，$[\ 3^2\ ]:5^2=[\ 9:25\ ]$

体積の比は，$[\ 3^3\ ]:5^3=[\ 27:125\ ]$ である。

(4)　　／

4節 相似な図形の利用　▶教 p.167-170　Step 2 ❹

□(5)　ビルの高さ AB を測るのに，30m 離れた

地点 C からビルの頂上を見上げたら，そ

の角度は50°であった。目の高さが1.5m

であるとして，ビルの高さを求めなさい。

△ADE の $\dfrac{1}{500}$ の縮図 △A'D'E' をかき，

A'E' の長さを測ると約7.1cm であった。

$AE=7.1\times[\ 500\ ]=[\ 3550\ ](\text{cm})$

これを m で表すと，$[\ 3550\ ]\text{cm}=[\ 35.5\ ]\text{m}$

これに目の高さ1.5m を加えて，

$AB=[\ 35.5\ ]+1.5=[\ 37\ ](\text{m})$

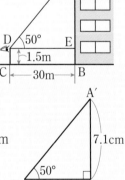

(5)　　／

教科書のまとめ　＿＿に入るものを答えよう！

□相似比が $m:n$ である2つの図形の面積の比は，$m^2:n^2$ である。

□相似比が $m:n$ である2つの立体の表面積の比は，$m^2:n^2$ である。

□相似比が $m:n$ である2つの立体の体積の比は，$m^3:n^3$ である。

Step 2 予想問題 ： **3節 相似な図形の面積と体積**
4節 相似な図形の利用

1ページ
30分

【相似な図形の面積】

❶ 次の(1)，(2)に答えなさい。

☐(1) 1辺の長さが 4cm と 6cm である正三角形ア，イがあります。正三角形アとイの面積の比を求めなさい。

(   )

☐(2) 半径が 15cm と 9cm である円 O，O′ がある。円 O と O′ の面積の比を求めなさい。

(   )

【相似な立体と表面積，相似な立体の体積①】

❷ 高さが 6cm と 8cm である相似な 2 つの四角錐ア，イがあります。次の(1)，(2)に答えなさい。

☐(1) 表面積の比を求めなさい。 (   )

☐(2) 体積の比を求めなさい。 (   )

【相似な立体と表面積，相似な立体の体積②】

❸ 相似な直方体ア，イがあり，その表面積の比は 16：25 です。次の(1)，(2)に答えなさい。

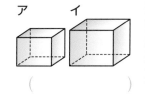
ア イ

☐(1) 相似比を求めなさい。

(   )

☐(2) 直方体イの体積が 500cm³ のとき，直方体アの体積を求めなさい。

(   )

【縮図を使って考えよう】

❹ 池をはさんだ 2 つの地点 A，B 間の距離を求めるために，A，B を見わたせる適当な地点 C を決め，CA，CB の長さと，∠C の大きさを測ったら，右の図のようになった。$\frac{1}{500}$ の縮図をかいて，A，B 間の距離を求めなさい。

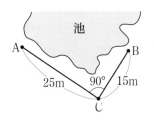
池
A 25m 90° 15m B
C

(   )

ヒント

❶
正三角形や円はどれも相似な図形です。同じように，正多角形はどれも相似な図形です。

テスト得ダネ
立体では，立方体や球はどれも相似な立体です。

❷
四角錐ア，イの相似比は，
6：8＝3：4

❸
(1)相似比が $m：n$ のとき，表面積の比は $m^2：n^2$ であり，この逆が成り立ちます。つまり，表面積の比が $a：b$ のとき，相似比は $\sqrt{a}：\sqrt{b}$ です。

❹
$\frac{1}{500}$ の縮図では，
AC＝2500÷500
＝5(cm)
BC＝1500÷500
＝3(cm)

5章

Step 3 予想テスト : **5章 相似と比**

30分　　/100点　目標 80点

❶ 次の図で，x の値を求めなさい。知　　　　　　　　　　　16点（各8点）

☐(1)

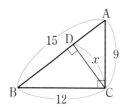

☐(2)　∠ABD＝∠ACB

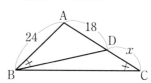

❷ 次の図で，x の値を求めなさい。知　　　　　　　　　　　16点（各8点）

☐(1)　AB∥CD∥EF

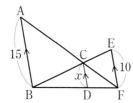

☐(2)　∠BAD＝∠CAD

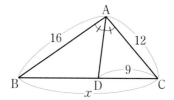

❸ 次の図で，直線 p，q，r は平行です。x の値を求めなさい。知　　16点（各8点）

☐(1)

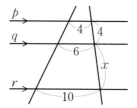

☐(2)

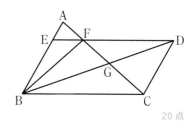

点UP

❹ 右の図のように，AB＝8cm，BC＝12cm である △ABC
☐ がある。辺 AB 上に，AE＝2cm である点 E をとり，線分
EB，BC を2辺とする平行四辺形 EBCD をつくる。線分
AC と線分 ED，BD との交点をそれぞれ F，G とする。
このとき，△EBF∽△CBD であることを証明しなさい。考

20点

❺ ある時刻に木の影<ruby>影<rt>かげ</rt></ruby>の長さを測ったところ，14.4 m ありました。このとき，地面に垂直に立てた長さ 1.5 m の棒の影の長さは 1.8 m でした。次の(1)，(2)に答えなさい。知 考　16点(各8点)

□(1)　木の高さを求めなさい。

□(2)　しばらくたってから，棒の影の長さを測ったところ 2 m になっていました。このときの木の影の長さを求めなさい。

❻ 右の図のように，円錐<ruby>円錐<rt>えんすい</rt></ruby>を，底面に平行で高さを 3 等分する 2 つの平面で切り，3 つの部分をそれぞれア，イ，ウとする。次の(1)，(2)に答えなさい。考　16点(各8点)

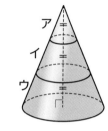

□(1)　立体ア，イ，ウの体積の比を求めなさい。

□(2)　もとの円錐の体積が $108\pi\,\mathrm{cm}^3$ であるとき，立体ウの体積は，立体イの体積より何 cm^3 大きいですか。

❶	(1)		(2)
❷	(1)		(2)
❸	(1)		(2)
❹			
❺	(1)		(2)
❻	(1)		(2)

Step 1　基本チェック

1節　円周角の定理
2節　円の性質の利用

15分

教科書のたしかめ　[　]に入るものを答えよう！

1節　円周角の定理　　▶教 p.178-186　Step 2 ❶-❻

□(1)　図1で，$x=[\ 65\ ]$，
　　　$y=[\ 130\ ]$である。

□(2)　図2で，$x=[\ 90\ ]$，
　　　$y=[\ 50\ ]$である。

□(3)　図3で，
　　　$x:45=[\ 3\ ]:9$
　　　これを解くと，$x=[\ 15\ ]$

□(4)　図4で，
　　　$4:x=[\ 20\ ]:40$
　　　これを解くと，$x=[\ 8\ ]$

図1　図2

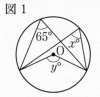

図3　図4

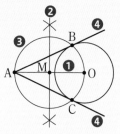

2節　円の性質の利用　　▶教 p.187-190　Step 2 ❼-❾

□(5)　右の図は，円Oの外部の点Aから，円O
　　　に接線をひく作図の手順を示している。
　　　作図の手順を答えなさい。

❶　2点A，Oを結ぶ。

❷　線分AOの[垂直二等分線]をひき，
　　AOの[中点]Mを求める。

❸　Mを中心とする半径[MA]の円をかき，円Oとの交点をそ
　　れぞれB，Cとする。

❹　Aと[B]，[A]とCを結ぶ。

解答欄

(1)

(2)

(3)

(4)

(5)

教科書のまとめ　＿＿に入るものを答えよう！

□円Oの $\overset{\frown}{AB}$ の両端A，Bと，$\overset{\frown}{AB}$ を除いた円周上の点Pを結んでできる ∠APB
　を，$\overset{\frown}{AB}$ に対する 円周角 といい，$\overset{\frown}{AB}$ を∠APBに対する 弧 という。

□円周角の定理　　円周角と中心角について，次の性質が成り立つ。

1　1つの弧に対する円周角の大きさは，その弧に対する中心角の大きさの
　　半分 である。

2　1つの弧に対する円周角の大きさは 等しい 。

□円周角の定理の逆　　2点P，Qが直線ABの同じ側にあって，
　∠APB＝∠ AQB ならば，4点A，B，P，Qは 1つの円周上 にある。

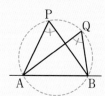

Step
2 予想問題

1節 円周角の定理
2節 円の性質の利用

1ページ
30分

【円周角の定理】

よく出る

❶ 次の図で，x の値を求めなさい。

□(1)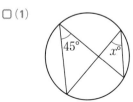

□(2)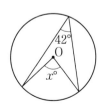

□(3)

(　　　　　)　　　　(　　　　　)　　　　(　　　　　)

□(4)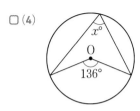

□(5)

□(6)

(　　　　　)　　　　(　　　　　)　　　　(　　　　　)

□(7)

□(8)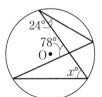

□(9)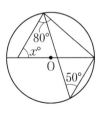

(　　　　　)　　　　(　　　　　)　　　　(　　　　　)

【弧と円周角①】

よく出る

❷ 次の図で，x，y の値を求めなさい。

□(1)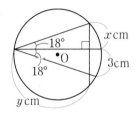

□(2)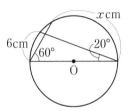

$x = ($　　　　　$)$

$y = ($　　　　　$)$　　　　$x = ($　　　　　$)$

❶

(3)(6)半円の弧に対する
円周角は直角です。
(7)(9)次のような補助線
をひいて考えます。
(7)

(9)

❷

(1)1つの円で，円周角
の大きさが等しいな
らば，それに対する
弧の長さは等しい。
また，1つの円で，
弧の長さは，それに
対する円周角の大き
さに比例します。

ヒント

6章

【弧と円周角②】

❸ 右の図のように，円 O の周上に 4 点 A，B，C，D があり，BD は円 O の直径である。
∠BAC＝36°，$\overset{\frown}{BC}$ ＝12cm であるとき，$\overset{\frown}{CD}$ の長さを求めなさい。

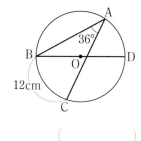

❸

点 A と D を結ぶと，$\overset{\frown}{CD}$ に対する円周角は ∠CAD です。あとは，∠BAC と ∠CAD の大きさを比べます。

（　　　　　）

【円周角の定理の逆①】

❹ 次の図のア〜ウのうち，4 点 A，B，C，D が 1 つの円周上にあるものはどれですか。

ア 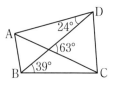　イ 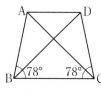　ウ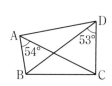

（AB＝CD）

❹

等しい角を見つけ，円周角の定理の逆を使います。ウは ∠BAC と ∠BDC が等しくないことに着目します。

（　　　　　）

【円周角の定理の逆②】

❺ 次の図で，x の値を求めなさい。

□(1) 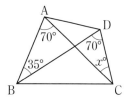　　□(2)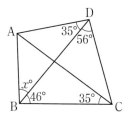

❺

4 点 A，B，C，D が同じ円周上にあることを確認してから円周角の定理を使います。

（　　　　　）　　　　　（　　　　　）

【円周角の定理の逆③】

❻ 四角形 ABCD で，∠ACB＝∠ADB ならば，
∠BAC＝∠BDC，∠ABD＝∠ACD であることを証明しなさい。

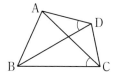

❻

まず，4 点 A，B，C，D が 1 つの円周上にあることを証明しておきます。

【円の外部にある点から接線を作図しよう】

❼ 下の図で，点 A から円 O にひく接線を作図しなさい。

【円と 2 つの線分の関係を調べよう】

❽ 右の図のように，円の外部に点 P を
とり，P を通る直線をひいて，円と
の交点を A，B，C，D とする。

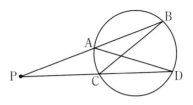

(1) ∠ADC と等しい角を答えなさ
い。

（　　　　　　　　）

(2) △PAD∽△PCB であることを証明しなさい。

【円周角と図形の証明】

❾ 右の図で，A，B，C は円の周上の点で，∠BAC
の二等分線をひき，弦 BC，$\overarc{BC}$ との交点をそれ
ぞれ D，E とするとき，△ABE∽△BDE である
ことを証明しなさい。

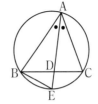

Step 3 予想テスト ： **6章 円**

⏱ 30分　／100点　目標80点

❶ 次の図で，x の値を求めなさい。知　　　30点（各5点）

☐(1)
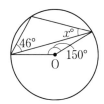

☐(2)
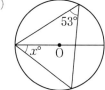

☐(3)
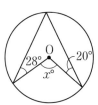

☐(4)
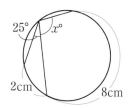

☐(5)
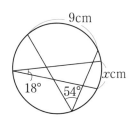

☐(6)
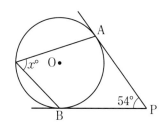

PA，PB はそれぞれ点 A，B を接点とする円 O の接線

❷ 右の図のように，円周を9つの等しい長さの弧に分ける点を A，B，C，D，E，F，G，H，I とします。x，y，z の値をそれぞれ求めなさい。知　　　18点（各6点）

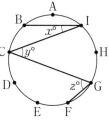

❸ 次の(1)〜(3)で，4点 A，B，C，D が1つの円周上にあるものには〇，そうでないものには × を書きなさい。知　　　15点（各5点）

☐(1)
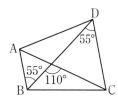

☐(2)
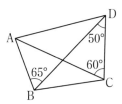

☐(3)
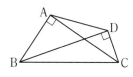

❹ 右の図のように，円周上の3点 A，B，C を頂点とする △ABC がある。
円周上に $\overset{\frown}{BD} = \overset{\frown}{CD}$ となるような点 D をとり，AD と BC との交点を
E とするとき，△ABD∽△AEC であることを証明しなさい。 **考** 15点

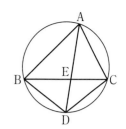

❺ 右の図のように，円周上に A，B，C，D をとり，弦 AB と弦 CD の
交点を P とします。次の(1)，(2)に答えなさい。 **知** **考** 12点(各6点)

□(1) 相似な三角形を記号 ∽ を使って表しなさい。

□(2) AP＝5cm，PC＝6cm，PB＝8cm のとき，線分 PD の長さを求めなさい。

❻ 右の図のように，直線 ℓ と ℓ 上にない点 A，B
がある。直線 ℓ 上にあって，∠APB＝90°とな
る点 P を作図しなさい。 **考**   10点

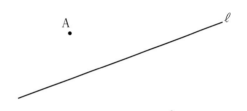

❶	(1)	(2)	(3)
	(4)	(5)	(6)
❷	x	y	z
❸	(1)	(2)	(3)
❹			
❺	(1)		(2)
❻			

(❻の作図欄：点 A，直線 ℓ，点 B)

<table>
<tr><td>Step
1</td><td>基本
チェック</td><td>**1節 三平方の定理**</td><td>
15分</td></tr>
</table>

教科書のたしかめ　[　]に入るものを答えよう！

❶ 三平方の定理とその証明　▶教 p.198-199

解答欄

□(1)　右の図のように，∠C＝90°の △ABC の斜
辺 AB を1辺とする正方形 AGHB の各辺に，
△ABC と合同な直角三角形 GAD，HGE，
BHF をかき加えると，

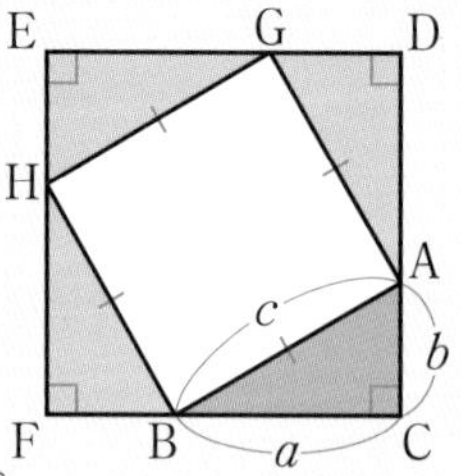

$\angle[\ CAD\ ]=\angle BAC+\angle BAG+\angle GAD$
$\qquad =\angle BAC+90°+\angle ABC=[\ 180\ ]°$

同様に，$\angle DGE=\angle EHF=\angle[\ FBC\ ]=[\ 180\ ]°$であるから，
四角形 CDEF は1辺の長さが$[\ a+b\ ]$の正方形である。
正方形 CDEF－△ABC×$[\ 4\ ]$＝正方形$[\ AGHB\ ]$
だから，$([\ a+b\ ])^2-\dfrac{1}{2}ab\times[\ 4\ ]=[\ c^2\ ]$
よって，$a^2+b^2=[\ c^2\ ]$

(1)

❷ 直角三角形の辺の長さ　▶教 p.200-201　Step 2 ❶-❸

□(2)　図1で，三平方の定理を使うと，
$4^2+[\ 2^2\ ]=[\ x^2\ ]$　　$x^2=[\ 20\ ]$
$x>[\ 0\ ]$であるから，$x=[\ 2\sqrt{5}\ ]$

図1

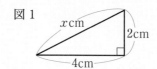

(2)

□(3)　図2で，三平方の定理を使うと，
$x^2+[\ 3^2\ ]=[\ 5^2\ ]$　　$x^2=[\ 16\ ]$
$x>[\ 0\ ]$であるから，$x=[\ 4\ ]$

図2

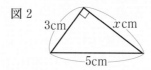

(3)

❸ 三平方の定理の逆　▶教 p.202-203　Step 2 ❹

□(4)　3辺の長さが次のような三角形のうち，直角三角形はどちらですか。
　　ア　5cm，7cm，9cm　　　　　イ　6cm，8cm，10cm
　　ア…$5^2+7^2=[\ 74\ ]$，$9^2=[\ 81\ ]$
　　イ…$6^2+8^2=[\ 100\ ]$，$10^2=[\ 100\ ]$
　　よって，直角三角形は$[\ イ\ ]$

(4)

教科書のまとめ　＿＿＿に入るものを答えよう！

□ **三平方の定理**　直角三角形の直角をはさむ2辺の長さをa，b，
斜辺の長さをcとすると，$a^2+\underline{b^2}=\underline{c^2}$

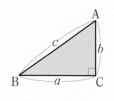

□ **三平方の定理の逆**　3辺の長さがa，b，cの三角形で，$a^2+b^2=c^2$ならば，
その三角形は長さ $\underline{c}$ の辺を斜辺とする 直角三角形 である。

【直角三角形の辺の長さ①】

❶ 次の直角三角形で，x の値を求めなさい。

□ **(1)**

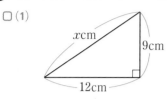

(   )

□ **(2)**

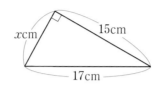

(   )

□ **(3)**

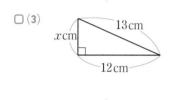

(   )

□ **(4)**

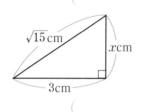

(   )

【直角三角形の辺の長さ②】

❷ 次の三角形で，x の値を求めなさい。

□ **(1)**

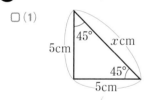

(   )

□ **(2)**

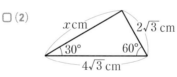

(   )

【直角三角形の辺の長さ③】

❸ 次の三角形で，x の値を求めなさい。

□ **(1)**

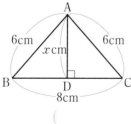

(   )

□ **(2)**

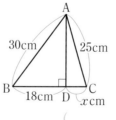

(   )

【三平方の定理の逆】

❹ 3辺の長さが次のア～エのような三角形のうち，直角三角形はどれですか。

ア　8cm，15cm，17cm　　　イ　9cm，12cm，16cm

ウ　2cm，$\sqrt{3}$ cm，$\sqrt{5}$ cm　　エ　1cm，3cm，$2\sqrt{2}$ cm

(   )

ヒント

❶

斜辺を見きわめて，三平方の定理にあてはめます。

テスト得ダネ

$a^2+b^2=c^2$ のかわりに，
（斜辺の2乗）
＝（残りの2辺の2乗の和）
と覚えてもよいです。

❷

残りの1つの角の大きさは，
(1)$180°-(45°+45°)$
$=90°$
(2)$180°-(30°+60°)$
$=90°$
だから，直角三角形になります。

❸

(2)△ABD，△ADC で，それぞれ三平方の定理を利用します。

❹

最も長い辺の2乗が，他の2辺の2乗の和になっているかを調べます。

7章

Step 1 基本チェック

2節 三平方の定理と図形の計量
3節 三平方の定理の利用

15分

教科書のたしかめ　[　]に入るものを答えよう！

2節 三平方の定理と図形の計量　▶教 p.204-210　Step 2 ❶-❹

解答欄

□(1) 図1の正方形の対角線の長さは
$[\ 4\sqrt{2}\ ]$cm

図1

□(2) 図2の正三角形の高さは
$[\ 2\sqrt{3}\ ]$cm

図2

面積は，$\frac{1}{2}\times 4\times[\ 2\sqrt{3}\ ]=[\ 4\sqrt{3}\ ]$(cm²)

(1)

(2)

□(3) 座標平面上で，点 A(4, 4) と点 B(−2, 1) の間の距離を求める。
図3のように，直角三角形 ABC をつくると，

　　AC＝4−1＝3

　　BC＝4−($[\ -2\ ]$)＝$[\ 6\ ]$

　　よって，AB²＝AC²＋BC²＝$[\ 45\ ]$

　　AB>0 だから，AB＝$[\ 3\sqrt{5}\ ]$

図3

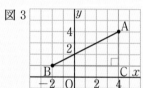

(3)

□(4) 図4の直方体で，対角線 AG の長さを求める。

　　△EFG で，6²＋$[\ 5^2\ ]$＝EG²

　　△AEG で，$[\ 3^2\ ]$＋EG²＝AG²

　　AG²＝3²＋6²＋$[\ 5^2\ ]$＝$[\ 70\ ]$

　　AG>0 だから，AG＝$[\ \sqrt{70}\ ]$cm

図4

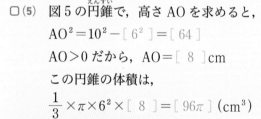

(4)

□(5) 図5の円錐で，高さ AO を求めると，

　　AO²＝10²−$[\ 6^2\ ]$＝$[\ 64\ ]$

　　AO>0 だから，AO＝$[\ 8\ ]$cm

　　この円錐の体積は，

　　$\frac{1}{3}\times\pi\times 6^2\times[\ 8\ ]=[\ 96\pi\ ]$(cm³)

図5

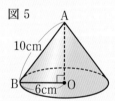

(5)

3節 三平方の定理の利用　▶教 p.211-213

教科書のまとめ　＿＿＿に入るものを答えよう！

□図1の直角二等辺三角形の3辺の比は，1：1：$\underline{\sqrt{2}}$

□図2の直角以外の角が30°と $\underline{60}$°の直角三角形の3辺の比は，

　1：$\underline{2}$：$\underline{\sqrt{3}}$

□図3の直方体で，線分 AG，BH，CE，DF を，この直方体の

　$\underline{対角線}$ という。直方体の4つの $\underline{対角線}$ の長さはすべて $\underline{等しい}$ 。

図1

図2

図3

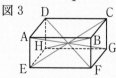

Step 2 予想問題

2 節 三平方の定理と図形の計量
3 節 三平方の定理の利用

1ページ
30分

【平面図形の計量①(特別な三角形の辺の比)】

❶ 次の三角形で，x の値と面積を求めなさい。

□(1) 正三角形

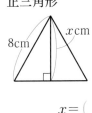

8cm　$x$cm

$x=\Big($　　　$\Big)$

面積$\Big($　　　$\Big)$

□(2) 直角二等辺三角形

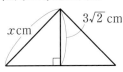

$x$cm　$3\sqrt{2}$ cm

$x=\Big($　　　$\Big)$

面積$\Big($　　　$\Big)$

ヒント

❶

テスト得ダネ

直角以外の角が30°と60°の直角三角形や直角二等辺三角形を使った問題がよく出題されます。それぞれの三角形の辺の比は，しっかり覚えておきましょう。

【平面図形の計量②(円と三平方の定理)】

❷ 右の図の円 O において，OH は O から弦 AB に引いた垂線，PA は円 O の接線です。弦 AB と線分 PA の長さを，それぞれ求めなさい。

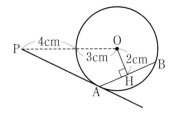

P　4cm　O　3cm　2cm　B　H　A

弦 AB $\Big($　　　$\Big)$，線分 PA $\Big($　　　$\Big)$

❷

O と A を結ぶと，△OAH，△OPA は直角三角形になります。

【座標平面上の点と距離】

❸ 次の 2 点間の距離を求めなさい。

□(1) A(2, 1)，B(5, 10)

□(2) A(−4, 2)，B(3, 6)

$\Big($　　　$\Big)$　　　$\Big($　　　$\Big)$

❸

座標平面上の 2 点間の距離を求めるときは，簡単な図をかいて考えましょう。

【空間の図形の計量(立体の体積と表面積)】

❹ 正四角錐 OABCD がある。底面 ABCD は 1 辺の長さが 6cm の正方形，側面は等しい辺の長さが 12cm の二等辺三角形である。次の(1)〜(3)に答えなさい。

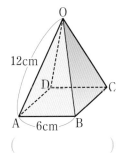

O　12cm　D　C　A　6cm　B

□(1) 正四角錐の高さを求めなさい。　$\Big($　　　$\Big)$

□(2) 正四角錐の体積を求めなさい。　$\Big($　　　$\Big)$

□(3) 正四角錐の側面積を求めなさい。　$\Big($　　　$\Big)$

❹

正四角錐の頂点Oから底面にひいた垂線は，底面の正方形の対角線の交点Hと交わる。

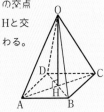

O　D　C　A　H　B

Step 3　予想テスト　7 章 三平方の定理

⏱ 30分　／100点　目標 80点

❶ 次の図で，x の値を求めなさい。知　　　　　　　　　　　12 点(各 4 点)

☐(1)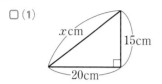
$x$cm　15cm　20cm

☐(2)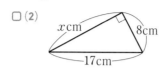
$x$cm　8cm　17cm

☐(3)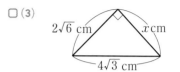
$2\sqrt{6}$ cm　x cm　$4\sqrt{3}$ cm

❷ 右の図で，∠AOX は直角で，AO＝1 である。OX 上に
☐ OP＝$\sqrt{3}$ となる点 P をとりなさい。考　　　10 点

A　1　O　X

❸ 次の長さを 3 辺とする三角形のうち，直角三角形であるものには○，そうでないものには
×を書きなさい。知　　　　　　　　　　　　16 点(各 4 点)

☐(1)　6 cm，9 cm，12 cm　　　　☐(2)　7 cm，24 cm，25 cm

☐(3)　2 cm，4 cm，$\sqrt{6}$ cm　　　☐(4)　10 cm，$2\sqrt{7}$ cm，$6\sqrt{2}$ cm

❹ 次の(1)〜(3)を求めなさい。知　　　　　　　　　　　12 点(各 4 点)

☐(1)　縦 3 cm，横 6 cm の長方形の対角線の長さ
☐(2)　対角線の長さが 8 cm の正方形の 1 辺の長さ
☐(3)　1 辺が$4\sqrt{3}$ cm の正三角形の面積

❺ 座標平面上に，3 点 A(-2，8)，B(-3，-1)，C(2，3)を頂点とする三角形があります。
☐ この三角形がどのような三角形か答えなさい。知　　　　　　　10 点

❻ 半径 5 cm の円 O で，中心 O から 13 cm の距離にある点 P から，
☐ 円 O に接線 PA をひく。接線 PA の長さを求めなさい。考　10 点

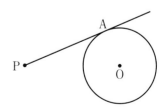
A　P　O

⑦ AB＝18cm，BC＝24cm の長方形 ABCD がある。この長方形を，右の図のように，頂点 C が辺 AD の中点 M と重なるように EF で折り返した。このとき，DF の長さを求めなさい。知 考　15点

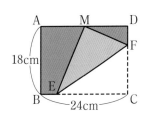

⑧ 縦 2cm，横 3cm，高さ 4cm の直方体 ABCDEFGH がある。次の(1)，(2)に答えなさい。知 考　15点((1)5点，(2)10点)

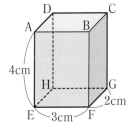

□(1)　直方体の対角線の長さを求めなさい。

□(2)　直方体の頂点 A から G まで表面上に，次のア，イのように，ひもの長さができるだけ短くなるように糸をかける。

ア　頂点 A から辺 BC を通り G までかける。

イ　頂点 A から辺 BF を通り G までかける。

ア，イのひものうち，短いほうのひもの長さを求めなさい。

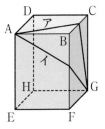

❶	(1)		(2)		(3)	
❷						
❸	(1)		(2)	(3)		(4)
❹	(1)		(2)		(3)	
❺						
❻						
❼						
❽	(1)			(2)		

❷ の図: A, 1, O, X

Step 1 基本チェック

1節 標本調査／2節 標本調査の利用

15分

教科書のたしかめ 〔 〕に入るものを答えよう！

1節 標本調査 ▶ 教 p.220-227 Step 2 ❶-❹

□(1) 次の調査は，全数調査と標本調査のどちらが適していますか。

　　㋐ 国勢調査 〔 全数調査 〕

　　㋑ 内閣支持率の調査 〔 標本調査 〕

　　㋒ 乾電池の寿命検査 〔 標本調査 〕

□(2) A市には，中学生が全部で5000人いる。その生徒たちの1週間の読書時間がどれだけかを調べるために，100人の生徒を無作為に抽出し，その読書時間の平均値を推定する。

　　このときの母集団は〔 A市の中学生の読書時間 〕であり，

　　標本は〔 無作為に抽出した生徒の読書時間 〕で標本の大きさは

　　〔 100 〕である。

□(3) 袋の中にビーズがたくさん入っている。その数を，次のような方法で推定した。

　　❶ 袋の中から50個のビーズを取り出し，それらに目印をつけて，袋に戻した。

　　❷ 袋の中をよくかき混ぜて，ビーズを取り出したら117個あり，この中に目印をつけたビーズが3個混じっていた。

　　袋の中のビーズの数を x 個とすると，

　　〔 3 〕：〔 117 〕＝50：x

　　これを解くと，x＝〔 1950 〕

　　だから，およそ2000個と推定する。

2節 標本調査の利用 ▶ 教 p.228-230

解答欄

(1)㋐

　㋑

　㋒

(2)

(3)

教科書のまとめ ＿＿ に入るものを答えよう！

□ 集団のもっている傾向や特徴などの性質を知るために，その集団をつくっているもの全部について行う調査を 全数調査 という。これに対して，集団の一部分について調べて，その結果からもとの集団の性質を推定する調査を 標本調査 という。

□ 標本調査の場合，調査の対象となるもとの集団を 母集団 といい，調査のために取り出された一部分を 標本 という。標本として取り出されたデータの個数を標本の 大きさ という。

□ 母集団から標本を偏りがなく公平に取り出すことを 無作為に抽出する という。

□ 母集団から抽出した標本の平均値を 標本平均 という。母集団の平均値は，標本平均から推定することができる。

Step 2 予想問題 ： **1節 標本調査／2節 標本調査の利用**

1ページ
30分

【標本調査のしかた】

❶ 次の調査は，全数調査と標本調査のどちらが適していますか。

□(1)　牛乳の品質検査　　　　　　　□(2)　学校での体力測定

（　　　　　　　　　）　　　　　　　　　（　　　　　　　　　）

□(3)　新しく製造した自動車 1000 台のブレーキの効きぐあい

（　　　　　　　　　）

【母集団の平均値の推定】

❷ ある中学校の男子 300 人の 50m 走の記録の平均値を，標本平均から
□　推定しようとしている。㋐〜㋒のうちで，実際の平均値といちばん近
い値になると考えられるものはどれですか。

㋐　無作為に抽出した 10 人の標本平均

㋑　無作為に抽出した 20 人の標本平均

㋒　運動部に所属する 30 人の標本平均

（　　　　　　　　　）

【母集団の数量の推定①】

❸ ある森でカブトムシの数を推定するのに，捕獲した 200 匹のカブト
□　ムシに目印をつけて森にはなした。3 日後に同じ森で 150 匹捕獲した
ら，目印のついたカブトムシが 7 匹いた。この森にいるカブトムシの
数を推定し，百の位までの概数で答えなさい。

（　　　　　　　　　）

【母集団の数量の推定②】

❹ 箱の中に，白玉と赤玉が入っています。よくかき混ぜてから，ひとつ
□　かみ取り出して白玉と赤玉の個数を調べたところ，白玉が 25 個，赤
玉は 15 個ありました。初めに箱に入っていた玉全体に対する赤玉の
個数の割合を推定し，小数第 3 位を四捨五入して，小数第 2 位まで
求めなさい。

（　　　　　　　　　）

ヒント

❶
母集団が大きすぎて全
数調査ができない場合
や，母集団のようすが
推定できれば十分であ
る場合は，標本調査が
行われます。

❷
標本の大きさが大きい
ほど，標本平均は母集
団の平均値に近づきま
す。

❸
標本も母集団も同じ割
合でカブトムシがいる
と考えられます。

❹
標本での数量の割合で
母集団の数量の割合を
推定できます。
取り出した玉の個数は，
白玉の個数と赤玉の個
数の和になります。

8章

Step 3　予想テスト　8章 標本調査

20分　目標 40点　　/50点

❶ 次の調査は，全数調査と標本調査のどちらが適していますか。知　　　12点(各3点)

☐(1)　ある中学校3年生の進路調査
☐(2)　カップ詰めのプリンの品質検査
☐(3)　ある高校で行う入学試験
☐(4)　ある湖にいる魚の数の調査

❷ 袋の中に赤いビーズと青いビーズが入っている。よくかき混ぜてから，ひとつかみ取り出した赤と青の個数を調べたところ，赤いビーズは45個，青いビーズは75個であった。このとき，全体に対する青いビーズの割合を推定し，小数第3位を四捨五入して，小数第2位まで求めなさい。考　　　10点

❸ 同じ大きさの白玉と赤玉が合わせて2000個入っている箱から，60個を無作為に抽出したら，赤玉が8個あった。この箱に入っている赤玉の数を推定し，十の位までの概数で答えなさい。

考　　10点

❹ ある工場では，毎月30000個の製品を生産している。この中から，500個を無作為に抽出して，不良品がないかを調べたら，4個ありました。次の(1)〜(3)に答えなさい。考

18点(各6点)

☐(1)　この工場で生産される製品のうち，不良品の割合を推定しなさい。

☐(2)　1年間にできる不良品の数を，百の位までの概数で推定しなさい。

☐(3)　A社から40000個の注文がありました。A社に不良品がないように納品するためには，製品をおよそ何個生産すればよいですか。百の位までの概数で答えなさい。

❶	(1)	(2)	(3)	(4)
❷				
❸				
❹	(1)	(2)	(3)	

[解答 ▶ p.28]

テスト前 ☑ やることチェック表

① まずはテストの目標をたてよう。頑張ったら達成できそうなちょっと上のレベルを目指そう。
② 次にやることを書こう（「ズバリ英語〇ページ，数学〇ページ」など）。
③ やり終えたら□に✔を入れよう。
　最初に完ぺきな計画をたてる必要はなく，まずは数日分の計画をつくって，
　その後追加・修正していっても良いね。

目標

	日付	やること1	やること2
2週間前	／	☐	☐
	／	☐	☐
	／	☐	☐
	／	☐	☐
	／	☐	☐
	／	☐	☐
	／	☐	☐
1週間前	／	☐	☐
	／	☐	☐
	／	☐	☐
	／	☐	☐
	／	☐	☐
	／	☐	☐
	／	☐	☐
テスト期間	／	☐	☐
	／	☐	☐
	／	☐	☐
	／	☐	☐
	／	☐	☐

QRコードのページに登録すると，「ぴたリンク」からも表をダウンロードできるよ

テスト前 ✓ やることチェック表

① まずはテストの目標をたてよう。頑張ったら達成できそうなちょっと上のレベルを目指そう。
② 次にやることを書こう（「ズバリ英語〇ページ，数学〇ページ」など）。
③ やり終えたら□に✔を入れよう。
　最初に完ぺきな計画をたてる必要はなく，まずは数日分の計画をつくって，
　その後追加・修正していっても良いね。

目標

	日付	やること1	やること2
2週間前	／	□	□
	／	□	□
	／	□	□
	／	□	□
	／	□	□
	／	□	□
	／	□	□
1週間前	／	□	□
	／	□	□
	／	□	□
	／	□	□
	／	□	□
	／	□	□
	／	□	□
テスト期間	／	□	□
	／	□	□
	／	□	□
	／	□	□
	／	□	□

大日本図書版 **数学3年** 定期テスト　ズバリよくでる ｜**解答集**

1章 多項式

1節 多項式の計算

p.3-4 **Step 2**

❶ (1) $-27m^2+6mn$　　(2) $14a^2+28ab-21a$

(3) $3y+2$　　(4) $-10x+25y$

解き方 分配法則を使って，かっこをはずします。

$a(b+c)=ab+ac,\ (b+c)a=ab+ac$

(1) $(9m-2n)\times(-3m)=9m\times(-3m)-2n\times(-3m)$
$$=-27m^2+6mn$$

(2) $7a(2a+4b-3)=7a\times2a+7a\times4b+7a\times(-3)$
$$=14a^2+28ab-21a$$

(3) $(18xy+12x)\div6x=\dfrac{18xy}{6x}+\dfrac{12x}{6x}$
$$=3y+2$$

(4) $(4x^2-10xy)\div\left(-\dfrac{2}{5}x\right)$

$=(4x^2-10xy)\times\left(-\dfrac{5}{2x}\right)$

$=4x^2\times\left(-\dfrac{5}{2x}\right)-10xy\times\left(-\dfrac{5}{2x}\right)$

$=-10x+25y$

❷ (1) $xy-5x+3y-15$

(2) $6a^2-19a+10$

(3) $x^2-2xy+3x-8y-4$

(4) $a^2-8ab+15b^2+2a-6b$

解き方 (1) $(x+3)(y-5)=xy-5x+3y-15$

(2) $(3a-2)(2a-5)=6a^2-15a-4a+10$
$$=6a^2-19a+10$$

(3) $(x+4)(x-2y-1)=x(x-2y-1)+4(x-2y-1)$
$$=x^2-2xy-x+4x-8y-4$$
$$=x^2-2xy+3x-8y-4$$

(4) $(a-5b+2)(a-3b)$

$=a(a-3b)-5b(a-3b)+2(a-3b)$

$=a^2-3ab-5ab+15b^2+2a-6b$

$=a^2-8ab+15b^2+2a-6b$

❸ (1) $x^2+7x+12$　　(2) $x^2-12x+35$

(3) $a^2-2a-48$　　(4) $y^2+\dfrac{1}{12}y-\dfrac{1}{12}$

解き方 展開の公式 $(x+a)(x+b)=x^2+(a+b)x+ab$
を使います。

(1) $(x+3)(x+4)=x^2+(3+4)x+3\times4$
$$=x^2+7x+12$$

(2) $(x-5)(x-7)=x^2+\{(-5)+(-7)\}x+(-5)\times(-7)$
$$=x^2-12x+35$$

(3) $(a-8)(a+6)=a^2+\{(-8)+6\}a+(-8)\times6$
$$=a^2-2a-48$$

(4) $\left(y+\dfrac{1}{3}\right)\left(y-\dfrac{1}{4}\right)$

$=y^2+\left\{\dfrac{1}{3}+\left(-\dfrac{1}{4}\right)\right\}y+\dfrac{1}{3}\times\left(-\dfrac{1}{4}\right)$

$=y^2+\dfrac{1}{12}y-\dfrac{1}{12}$

❹ (1) x^2+4x+4　　(2) $a^2-16a+64$

(3) $y^2-\dfrac{1}{3}y+\dfrac{1}{36}$　　(4) $a^2+0.2a+0.01$

解き方 展開の公式 $(x+a)^2=x^2+2ax+a^2$,
$(x-a)^2=x^2-2ax+a^2$ を使います。

(1) $(x+2)^2=x^2+2\times2\times x+2^2$
$$=x^2+4x+4$$

(2) $(a-8)^2=a^2-2\times8\times a+8^2$
$$=a^2-16a+64$$

(3) $\left(y-\dfrac{1}{6}\right)^2=y^2-2\times\dfrac{1}{6}\times y+\left(\dfrac{1}{6}\right)^2$

$=y^2-\dfrac{1}{3}y+\dfrac{1}{36}$

(4) $(a+0.1)^2=a^2+2\times0.1\times a+0.1^2$
$$=a^2+0.2a+0.01$$

❺ (1) x^2-25　　　　　　(2) $a^2-0.09$

　　(3) $x^2-\dfrac{1}{16}$　　　　　(4) $36-x^2$

【解き方】展開の公式 $(x+a)(x-a)=x^2-a^2$ を使います。

(1) $(x+5)(x-5)=x^2-5^2$
$\qquad\qquad\quad =x^2-25$

(2) $(a-0.3)(a+0.3)=a^2-0.3^2$
$\qquad\qquad\qquad\quad =a^2-0.09$

(3) $\left(x+\dfrac{1}{4}\right)\left(x-\dfrac{1}{4}\right)=x^2-\left(\dfrac{1}{4}\right)^2$
$\qquad\qquad\qquad\qquad =x^2-\dfrac{1}{16}$

(4) $(6+x)(6-x)=6^2-x^2$
$\qquad\qquad\qquad =36-x^2$

❻ (1) $4x^2-8x-5$　　　(2) $25a^2+20a+4$

　　(3) $9x^2-24xy+16y^2$　　(4) a^2-49b^2

　　(5) $x^2+2xy+y^2+3x+3y-4$

　　(6) $a^2-2ab+b^2-6a+6b+9$

【解き方】(1) $2x$ を A と置くと，

$(2x+1)(2x-5)=(A+1)(A-5)$
$\qquad\qquad\qquad =A^2-4A-5$
$\qquad\qquad\qquad =(2x)^2-4\times 2x-5$
$\qquad\qquad\qquad =4x^2-8x-5$

(2) $(5a+2)^2=(5a)^2+2\times 2\times 5a+2^2$
$\qquad\qquad\quad =25a^2+20a+4$

(3) $(3x-4y)^2=(3x)^2-2\times 4y\times 3x+(4y)^2$
$\qquad\qquad\qquad =9x^2-24xy+16y^2$

(4) $(-a+7b)(-a-7b)=(-a)^2-(7b)^2$
$\qquad\qquad\qquad\qquad =a^2-49b^2$

(5) $x+y$ を A と置くと，

$(x+y+4)(x+y-1)=\{(x+y)+4\}\{(x+y)-1\}$
$\qquad\qquad\qquad\qquad =(A+4)(A-1)$
$\qquad\qquad\qquad\qquad =A^2+3A-4$
$\qquad\qquad\qquad\qquad =(x+y)^2+3(x+y)-4$
$\qquad\qquad\qquad\qquad =x^2+2xy+y^2+3x+3y-4$

(6) $a-b$ を A と置くと，

$(a-b-3)^2=\{(a-b)-3\}^2$
$\qquad\qquad\quad =(A-3)^2$
$\qquad\qquad\quad =A^2-6A+9$
$\qquad\qquad\quad =(a-b)^2-6(a-b)+9$
$\qquad\qquad\quad =a^2-2ab+b^2-6a+6b+9$

❼ (1) $-x^2+3y^2$　　　　(2) $4a-9$

【解き方】(1) $3(x+2y)^2-(2x+3y)^2$
$\qquad =3(x^2+4xy+4y^2)-(4x^2+12xy+9y^2)$
$\qquad =3x^2+12xy+12y^2-4x^2-12xy-9y^2$
$\qquad =-x^2+3y^2$

(2) $(a-5)(a+9)-(a+6)(a-6)$
$\quad =a^2+4a-45-(a^2-36)$
$\quad =a^2+4a-45-a^2+36$
$\quad =4a-9$

❽ (1) 2491　　　　　　(2) 9604

【解き方】(1) 53 を 50+3，47 を 50-3 とみて，展開の公式 $(x+a)(x-a)=x^2-a^2$ を利用して計算します。

$\quad 53\times 47$
$=(50+3)(50-3)$
$=50^2-3^2$
$=2500-9$
$=2491$

(2) 98 を 100-2 とみて，展開の公式 $(x-a)^2=x^2-2ax+a^2$ を利用して計算します。

$\quad 98^2$
$=(100-2)^2$
$=100^2-2\times 2\times 100+2^2$
$=10000-400+4$
$=9604$

❾ 24

【解き方】展開の公式を使って，式を簡単にしてから，x，y の値を代入します。

$(x-2y)(x+8y)-6xy=x^2+6xy-16y^2-6xy$
$\qquad\qquad\qquad\qquad\quad =x^2-16y^2$

この式に $x=-5$，$y=\dfrac{1}{4}$ を代入すると，

$x^2-16y^2=(-5)^2-16\times\left(\dfrac{1}{4}\right)^2$
$\qquad\qquad =25-1$
$\qquad\qquad =24$

2節 因数分解　3節 式の利用

p.6-7 **Step 2**

❶ (1) 共通な因数 $2x$，因数分解 $2x(2x+3)$

(2) 共通な因数 $4ab$，因数分解 $4ab(2b-3)$

(3) 共通な因数 $3xy$，因数分解 $3xy(3x+2y-5)$

解き方 各項に共通な因数がある多項式を因数分解するには，分配法則を使って共通な因数をくくり出します。

(1) 共通な因数は $2x$ だから，

$4x^2+6x=2x\times 2x+2x\times 3=2x(2x+3)$

(2) 共通な因数は $4ab$ だから，

$8ab^2-12ab=4ab\times 2b-4ab\times 3=4ab(2b-3)$

(3) 共通な因数は $3xy$ だから，

$9x^2y+6xy^2-15xy$
$=3xy\times 3x+3xy\times 2y+3xy\times(-5)$
$=3xy(3x+2y-5)$

❷ (1) $(x+2)(x+3)$　(2) $(x-1)(x-8)$

(3) $(x+4)(x-2)$　(4) $(a-3)(a-5)$

(5) $(x+4)(x-7)$　(6) $(y+6)(y-15)$

解き方 (1) $x^2+5x+6=x^2+(2+3)x+2\times 3$
$=(x+2)(x+3)$

(2) $x^2-9x+8=x^2+\{(-1)+(-8)\}x+(-1)\times(-8)$
$=(x-1)(x-8)$

(3) $x^2+2x-8=x^2+\{4+(-2)\}x+4\times(-2)$
$=(x+4)(x-2)$

(4) $a^2-8a+15=a^2+\{(-3)+(-5)\}a+(-3)\times(-5)$
$=(a-3)(a-5)$

(5) $x^2-3x-28=x^2+\{4+(-7)\}x+4\times(-7)$
$=(x+4)(x-7)$

(6) $y^2-9y-90=y^2+\{6+(-15)\}y+6\times(-15)$
$=(y+6)(y-15)$

❸ (1) $(x+2)^2$　(2) $(x-7)^2$

(3) $(x+6)(x-6)$　(4) $\left(a+\dfrac{3}{2}\right)^2$

(5) $(n-0.3)^2$　(6) $\left(y+\dfrac{1}{5}\right)\left(y-\dfrac{1}{5}\right)$

解き方 (1) $x^2+4x+4=x^2+2\times 2\times x+2^2$
$=(x+2)^2$

(2) $x^2-14x+49=x^2-2\times 7\times x+7^2=(x-7)^2$

(3) $x^2-36=x^2-6^2=(x+6)(x-6)$

(4) $a^2+3a+\dfrac{9}{4}=a^2+2\times\dfrac{3}{2}\times a+\left(\dfrac{3}{2}\right)^2$
$=\left(a+\dfrac{3}{2}\right)^2$

(5) $n^2-0.6n+0.09=n^2-2\times 0.3\times n+0.3^2$
$=(n-0.3)^2$

(6) $y^2-\dfrac{1}{25}=y^2-\left(\dfrac{1}{5}\right)^2$
$=\left(y+\dfrac{1}{5}\right)\left(y-\dfrac{1}{5}\right)$

❹ (1) $3(x+6)(x-4)$　(2) $-5a(b-3)^2$

(3) $(2x+9y)(2x-9y)$　(4) $(3x+5y)^2$

解き方 (1) 共通な因数は 3 です。
$3x^2+6x-72=3(x^2+2x-24)$
$=3(x+6)(x-4)$

(2) 共通な因数は $-5a$ です。
$-5ab^2+30ab-45a=-5a(b^2-6b+9)$
$=-5a(b-3)^2$

(3) $4x^2-81y^2=(2x)^2-(9y)^2$
$=(2x+9y)(2x-9y)$

(4) $9x^2+30xy+25y^2=(3x)^2+2\times 5y\times 3x+(5y)^2$
$=(3x+5y)^2$

❺ (1) $(x-1)(x-6)$

(2) $(a+5b+2)(a-5b+2)$

(3) $(x+2)(y-3)$　(4) $(a+2)(x-1)$

解き方 (1) $x-5$ を A と置くと，
$(x-5)^2+3(x-5)-4=A^2+3A-4$
$=(A+4)(A-1)$
$=\{(x-5)+4\}\{(x-5)-1\}$
$=(x-1)(x-6)$

(2) $a+2$ を A と置くと，
$(a+2)^2-25b^2=A^2-25b^2$
$=(A+5b)(A-5b)$
$=\{(a+2)+5b\}\{(a+2)-5b\}$
$=(a+5b+2)(a-5b+2)$

(3) $xy-3x+2(y-3)=x(y-3)+2(y-3)$
$=(x+2)(y-3)$

(4) $ax+2x-a-2=(a+2)x-(a+2)$
$=(a+2)(x-1)$

3

❻ 18

解き方 代入する式を因数分解してから，x，y の値を代入します。

$$9x^2-4y^2=(3x+2y)(3x-2y)$$

この式に $x=\dfrac{3}{2}$，$y=\dfrac{3}{4}$ を代入すると，

$$\left(\dfrac{9}{2}+\dfrac{3}{2}\right)\left(\dfrac{9}{2}-\dfrac{3}{2}\right)=6\times3=18$$

❼ （例）連続する 2 つの奇数は，整数 n を使って，$2n-1$，$2n+1$ と表される。

$$(2n+1)^2-(2n-1)^2$$
$$=(4n^2+4n+1)-(4n^2-4n+1)$$
$$=4n^2+4n+1-4n^2+4n-1$$
$$=8n$$

n は整数だから，$8n$ は 8 の倍数である。

よって，連続する 2 つの奇数の 2 乗の差は，8 の倍数になる。

解き方 連続する奇数の表し方

整数 n を使って，$2n-1$，$2n+1$，$2n+3$，……と表されます。

別解 因数分解の公式 $x^2-a^2=(x+a)(x-a)$ を利用して，次のように計算してもよいです。

$$(2n+1)^2-(2n-1)^2$$
$$=\{(2n+1)+(2n-1)\}\{(2n+1)-(2n-1)\}$$
$$=4n\times2=8n$$

❽ （例）道の面積 S は，

$$S=ah+bh+ch+\pi h^2$$
$$=h(a+b+c+\pi h)\cdots\cdots①$$

道の中央を通る線の長さ ℓ は，

$$\ell=a+b+c+2\pi\times\dfrac{h}{2}$$
$$=a+b+c+\pi h\cdots\cdots②$$

①，②から，$S=h\ell$

解き方 道の面積 S は，3 つの長方形の面積と 3 つのおうぎ形の面積の和とみることができます。

3 つの長方形の面積は，縦 h m で，横がそれぞれ a m，b m，c m です。

また，3 つのおうぎ形を合わせると，右の図のような半径 h m の円になります。

---

p.8-9 Step ❸

❶ (1) $3ab-15a$ (2) $-20x^2-5xy+35x$

(3) $-2x-3y$ (4) $27a-9b$

❷ (1) $ab-4a-2b+8$

(2) $2x^2-5xy-3x+15y-9$

(3) $x^2+18x+81$ (4) $a^2-3a-40$

(5) $a^2-0.25$ (6) $16x^2-4x+\dfrac{1}{4}$

(7) $9x^2-3xy-20y^2$ (8) $-a^2+49b^2$

❸ (1) x (2) $x^2+4x-22$

(3) $x^2+4xy+4y^2-6x-12y+9$

(4) a^2-b^2+2b-1

❹ (1) $(x+4)(x-9)$ (2) $(a+6)^2$

(3) $(x+6y)(x-5y)$ (4) $\left(3a+\dfrac{1}{2}b\right)\left(3a-\dfrac{1}{2}b\right)$

(5) $2a(x-3)(x-7)$ (6) $(x+y-5)(x-y+5)$

❺ (1) 480 (2) 10404

❻ 50

❼ （例）連続する 2 つの偶数は，整数 n を使って，$2n$，$2n+2$ と表される。

$$2n(2n+2)=4n(n+1)$$

n は整数だから，$n(n+1)$ も整数である。

よって，$4n(n+1)$ は 4 の倍数だから，連続する 2 つの偶数の積は 4 の倍数になる。

解き方

❶ 分配法則を使ってかっこをはずします。

(2) $-5x(4x+y-7)$
$$=-5x\times4x-5x\times y-5x\times(-7)$$
$$=-20x^2-5xy+35x$$

(3) $(8xy+12y^2)\div(-4y)=\dfrac{8xy}{-4y}+\dfrac{12y^2}{-4y}$
$$=-2x-3y$$

(4) $\dfrac{2}{3}a=\dfrac{2a}{3}$ であることに注意します。

$$(18a^2-6ab)\div\dfrac{2}{3}a=(18a^2-6ab)\times\dfrac{3}{2a}$$
$$=18a^2\times\dfrac{3}{2a}-6ab\times\dfrac{3}{2a}$$
$$=27a-9b$$

❷ (2) $(x-3)(2x-5y+3)$
$=x\times 2x+x\times(-5y)+x\times 3-3\times 2x$
$\qquad\qquad\qquad -3\times(-5y)-3\times 3$
$=2x^2-5xy+3x-6x+15y-9$
$=2x^2-5xy-3x+15y-9$
(3) $(x+9)^2=x^2+2\times 9\times x+9^2$
$\qquad\qquad =x^2+18x+81$
(4) $(a+5)(a-8)=a^2+\{5+(-8)\}a+5\times(-8)$
$\qquad\qquad\qquad =a^2-3a-40$
(5) $(a+0.5)(a-0.5)=a^2-0.5^2$
$\qquad\qquad\qquad =a^2-0.25$
(6) $\left(4x-\dfrac{1}{2}\right)^2=(4x)^2-2\times\dfrac{1}{2}\times(4x)+\left(\dfrac{1}{2}\right)^2$
$\qquad\qquad =16x^2-4x+\dfrac{1}{4}$
(7) $(3x+4y)(3x-5y)$
$=(3x)^2+\{4y+(-5y)\}\times 3x+4y\times(-5y)$
$=9x^2-3xy-20y^2$
(8) $(a+7b)(7b-a)=(7b+a)(7b-a)$
$\qquad\qquad\qquad =(7b)^2-a^2$
$\qquad\qquad\qquad =-a^2+49b^2$

❸ (1) $(x-6)^2-(x-4)(x-9)$
$=x^2-12x+36-(x^2-13x+36)$
$=x^2-12x+36-x^2+13x-36$
$=x$
(2) $2(x-3)(x+3)-(x-2)^2$
$=2(x^2-9)-(x^2-4x+4)$
$=2x^2-18-x^2+4x-4$
$=x^2+4x-22$
(3) $x+2y$ を A と置くと，
$(x+2y-3)^2=(A-3)^2$
$\qquad\qquad =A^2-6A+9$
$\qquad\qquad =(x+2y)^2-6(x+2y)+9$
$\qquad\qquad =x^2+4xy+4y^2-6x-12y+9$
(4) $b-1$ を A と置くと，
$(a+b-1)(a-b+1)=\{a+(b-1)\}\{a-(b-1)\}$
$\qquad\qquad =(a+A)(a-A)$
$\qquad\qquad =a^2-A^2$
$\qquad\qquad =a^2-(b-1)^2$
$\qquad\qquad =a^2-(b^2-2b+1)$
$\qquad\qquad =a^2-b^2+2b-1$

❹ (1) $x^2-5x-36=x^2+\{4+(-9)\}x+4\times(-9)$
$\qquad\qquad =(x+4)(x-9)$
(2) $a^2+12a+36=a^2+2\times 6\times a+6^2$
$\qquad\qquad =(a+6)^2$
(3) $x^2+xy-30y^2$
$=x^2+\{6y+(-5y)\}x+6y\times(-5y)$
$=(x+6y)(x-5y)$
(4) $9a^2-\dfrac{1}{4}b^2=(3a)^2-\left(\dfrac{1}{2}b\right)^2$
$\qquad\qquad =\left(3a+\dfrac{1}{2}b\right)\left(3a-\dfrac{1}{2}b\right)$
(5) $2ax^2-20ax+42a=2a(x^2-10x+21)$
$\qquad\qquad =2a(x-3)(x-7)$
(6) $x^2-y^2+10y-25=x^2-(y^2-10y+25)$
$\qquad\qquad =x^2-(y-5)^2$
$\qquad\qquad =\{x+(y-5)\}\{x-(y-5)\}$
$\qquad\qquad =(x+y-5)(x-y+5)$

❺ (1) $43^2-37^2=(43+37)(43-37)$
$\qquad\qquad =80\times 6$
$\qquad\qquad =480$
(2) $102^2=(100+2)^2=100^2+2\times 2\times 100+2^2$
$\qquad\qquad =10000+400+4$
$\qquad\qquad =10404$

❻ 代入する式を因数分解してから，x, y の値を代入します。
$x^2-y^2=(x+y)(x-y)$
この式に $x=7.5$, $y=2.5$ を代入すると，
$(7.5+2.5)(7.5-2.5)=10\times 5$
$\qquad\qquad =50$

❼ 連続する偶数の表し方
整数 n を使って，$2n$, $2n+2$, $2n+4$, ……と表されます。

5

2章 平方根

1節 平方根

p.11-12　Step ②

❶ (1) 7，−7　　(2) 0.4，−0.4　　(3) $\dfrac{1}{5}$，$-\dfrac{1}{5}$

解き方 正の数には平方根が 2 つあって，それらの絶対値は等しく，符号は異なります。

(1) $7^2=49$，$(-7)^2=49$ だから，49 の平方根は 7 と −7 です。この 2 つをまとめて ±7 と表してもよいです。

❷ (1) 3　　　　(2) −7　　　　(3) $-\dfrac{2}{9}$

　　(4) 0.1　　　(5) 4　　　　(6) 8

解き方 (1) $\sqrt{9}=\sqrt{3^2}=3$

(2) $-\sqrt{49}=-\sqrt{7^2}=-7$

(3) $-\sqrt{\dfrac{4}{81}}=-\sqrt{\left(\dfrac{2}{9}\right)^2}=-\dfrac{2}{9}$

(4) $\sqrt{0.01}=\sqrt{0.1^2}=0.1$

(5) $\sqrt{4^2}=4$

(6) $\sqrt{(-8)^2}=\sqrt{64}=\sqrt{8^2}=8$

注意 $\sqrt{(-8)^2}=-8$ とはなりません。

❸ (1) 2　　　　(2) 5　　　　(3) 9

解き方 a を正の数とするとき，

$(\sqrt{a})^2=a$，$(-\sqrt{a})^2=a$

❹ (1) $5<\sqrt{26}$　　　　(2) $1.5>\sqrt{2.2}$

　　(3) $-3>-\sqrt{10}$　　　(4) $-5<-\sqrt{20}<-4$

解き方 a，b が正の数で，$a<b$ ならば，$\sqrt{a}<\sqrt{b}$

(1) $5^2=25$，$(\sqrt{26})^2=26$

$25<26$ だから，$\sqrt{25}<\sqrt{26}$

よって，$5<\sqrt{26}$

(2) $1.5^2=2.25$，$(\sqrt{2.2})^2=2.2$

$2.25>2.2$ だから，$\sqrt{2.25}>\sqrt{2.2}$

よって，$1.5>\sqrt{2.2}$

(3) $3^2=9$，$(\sqrt{10})^2=10$

$9<10$ だから，$\sqrt{9}<\sqrt{10}$

よって，絶対値を比べると $3<\sqrt{10}$

負の数は絶対値が大きいほど小さくなるから，

$-3>-\sqrt{10}$

(4) $4^2=16$，$5^2=25$，$(\sqrt{20})^2=20$ で，

$16<20<25$ だから，$\sqrt{16}<\sqrt{20}<\sqrt{25}$

よって，絶対値を比べると $4<\sqrt{20}<5$

負の数は絶対値が大きいほど小さくなるから，

$-5<-\sqrt{20}<-4$

❺ (1) $26.5\leqq a<27.5$　　　(2) $5.75\leqq a<5.85$

解き方 (1) 測定値の 27cm を，1cm 未満を四捨五入して得られた値とみます。27 になる最小の数は 26.5 です。27.5 は小数第 1 位を四捨五入すると，28 になります。

(2) 測定値の 5.8kg は，0.1kg 未満を四捨五入して得られた値と考えられます。5.8 になる最小の数は 5.75 です。5.85 は小数第 2 位を四捨五入すると，5.9 になります。

❻ (1) $6.82\times10^3\,\text{g}$　　　(2) $3.500\times10^4\,\text{m}$

解き方 整数部分が 1 桁の小数は，有効数字が 3 桁の場合は○.○○，4 桁の場合は○.○○○のように表します。

❼ $\sqrt{11}$，$-\sqrt{5}$

解き方 $\sqrt{16}=4$，$\sqrt{\dfrac{4}{9}}=\dfrac{2}{3}$

分数で表すことのできる数，つまり，整数 a と 0 でない整数 b を使って，$\dfrac{a}{b}$ の形で表すことのできる数を有理数といいます。

また，有理数でない数を無理数といいます。整数の -8 は，$-8=\dfrac{-8}{1}$ などのように $\dfrac{a}{b}$ の形で表すことができるので，有理数です。

$-\sqrt{5}$ は $-2.2360679\cdots$ と続く循環しない無限小数なので，無理数です。無理数は，小数で表すとすれば，有限小数でも循環小数でもない小数，つまり，循環しない無限小数になります。

❽ A $\dfrac{3}{5}$，$\dfrac{3}{4}$，B $\dfrac{1}{9}$，$\dfrac{7}{15}$，C π，$\sqrt{2}$

解き方 $\pi=3.141592\cdots$ より，循環しない無限小数です。$\dfrac{1}{9}=0.1111\cdots$，$\dfrac{7}{15}=0.4666\cdots$ より循環小数です。

2節 根号をふくむ式の計算

3節 平方根の利用

p.14-15 **Step ❷**

❶ (1) $\sqrt{14}$　　　(2) 6　　　(3) -5

　(4) $\sqrt{5}$　　　(5) -3　　　(6) $\sqrt{6}$

解き方 (1) $\sqrt{2} \times \sqrt{7} = \sqrt{2 \times 7} = \sqrt{14}$

(2) $\sqrt{4} \times \sqrt{9} = \sqrt{4 \times 9} = \sqrt{36} = 6$

(3) $-\sqrt{5} \times \sqrt{5} = -\sqrt{5 \times 5} = -\sqrt{25} = -5$

(4) $\sqrt{15} \div \sqrt{3} = \dfrac{\sqrt{15}}{\sqrt{3}} = \sqrt{\dfrac{15}{3}} = \sqrt{5}$

(5) $\sqrt{45} \div (-\sqrt{5}) = -\dfrac{\sqrt{45}}{\sqrt{5}} = -\sqrt{\dfrac{45}{5}}$

$\qquad\qquad = -\sqrt{9} = -3$

(6) $\dfrac{\sqrt{42}}{\sqrt{7}} = \sqrt{\dfrac{42}{7}} = \sqrt{6}$

❷ (1) $\sqrt{18}$　　　(2) $\sqrt{28}$　　　(3) $\sqrt{75}$

解き方 (1) $3\sqrt{2} = \sqrt{9} \times \sqrt{2} = \sqrt{9 \times 2} = \sqrt{18}$

(2) $2\sqrt{7} = \sqrt{4} \times \sqrt{7} = \sqrt{4 \times 7} = \sqrt{28}$

(3) $5\sqrt{3} = \sqrt{25} \times \sqrt{3} = \sqrt{25 \times 3} = \sqrt{75}$

❸ (1) $2\sqrt{6}$　　　(2) $4\sqrt{5}$　　　(3) $10\sqrt{3}$

解き方 (1) $\sqrt{24} = \sqrt{2^2 \times 6} = \sqrt{2^2} \times \sqrt{6} = 2\sqrt{6}$

(2) $\sqrt{80} = \sqrt{4^2 \times 5} = \sqrt{4^2} \times \sqrt{5} = 4\sqrt{5}$

(3) $\sqrt{300} = \sqrt{10^2 \times 3} = \sqrt{10^2} \times \sqrt{3} = 10\sqrt{3}$

❹ (1) $\dfrac{\sqrt{11}}{10}$　　(2) $\dfrac{3}{5}$　　(3) $\dfrac{\sqrt{3}}{2}$

解き方 (1) $\sqrt{\dfrac{11}{100}} = \dfrac{\sqrt{11}}{\sqrt{100}} = \dfrac{\sqrt{11}}{10}$

(2) $\sqrt{\dfrac{9}{25}} = \dfrac{\sqrt{9}}{\sqrt{25}} = \dfrac{3}{5}$

(3) $\sqrt{0.75} = \sqrt{\dfrac{75}{100}} = \dfrac{\sqrt{75}}{\sqrt{100}} = \dfrac{5\sqrt{3}}{10} = \dfrac{\sqrt{3}}{2}$

❺ 7.07

解き方 $\dfrac{10}{\sqrt{2}} = \dfrac{10 \times \sqrt{2}}{\sqrt{2} \times \sqrt{2}}$

$\qquad = \dfrac{10\sqrt{2}}{2}$

$\qquad = 5\sqrt{2}$

$\qquad = 5 \times 1.414$

$\qquad = 7.07$

❻ (1) $\dfrac{\sqrt{6}}{3}$　　　(2) $4\sqrt{2}$　　　(3) $\dfrac{3\sqrt{5}}{2}$

解き方 (1) $\dfrac{\sqrt{2}}{\sqrt{3}} = \dfrac{\sqrt{2} \times \sqrt{3}}{\sqrt{3} \times \sqrt{3}} = \dfrac{\sqrt{6}}{3}$

(2) $\dfrac{8}{\sqrt{2}} = \dfrac{8 \times \sqrt{2}}{\sqrt{2} \times \sqrt{2}} = \dfrac{8\sqrt{2}}{2} = 4\sqrt{2}$

(3) $\dfrac{15}{2\sqrt{5}} = \dfrac{15 \times \sqrt{5}}{2\sqrt{5} \times \sqrt{5}} = \dfrac{15\sqrt{5}}{10} = \dfrac{3\sqrt{5}}{2}$

❼ (1) 24.49　　(2) 774.6　　(3) 0.02449

解き方 根号の中の数の小数点が2桁ずれるごとに，平方根の値の小数点は同じ向きに1桁ずつずれます。

(1) $\sqrt{6\,|\,00} = 2\,4.4\,9$

(2) $\sqrt{60\,|\,00\,|\,00} = 7\,7\,4.6$

(3) $\sqrt{0.00\,|\,06} = 0.0\,2\,4\,4\,9$

❽ (1) $6\sqrt{10}$　　　　(2) $-12\sqrt{3}$

　(3) $-3\sqrt{5}$　　　　(4) 3

解き方 (1) $(-\sqrt{8}) \times (-3\sqrt{5}) = 3 \times \sqrt{8} \times \sqrt{5}$

$\qquad\qquad\qquad\qquad = 3 \times \sqrt{40} = 3 \times 2\sqrt{10}$

$\qquad\qquad\qquad\qquad = 6\sqrt{10}$

または，$(-\sqrt{8}) \times (-3\sqrt{5}) = (-2\sqrt{2}) \times (-3\sqrt{5})$

$\qquad\qquad\qquad\qquad = 2 \times 3 \times \sqrt{2} \times \sqrt{5}$

$\qquad\qquad\qquad\qquad = 6\sqrt{10}$

(2) $\sqrt{18} \times (-\sqrt{24}) = -\sqrt{432} = -12\sqrt{3}$

または，$\sqrt{18} \times (-\sqrt{24}) = 3\sqrt{2} \times (-2\sqrt{6})$

$\qquad\qquad\qquad = -3 \times 2 \times \sqrt{2} \times \sqrt{2} \times \sqrt{3}$

$\qquad\qquad\qquad = -12\sqrt{3}$

(3) $(-3\sqrt{30}) \div \sqrt{6} = -\dfrac{3\sqrt{30}}{\sqrt{6}}$

$\qquad\qquad\qquad = -3 \times \sqrt{\dfrac{30}{6}}$

$\qquad\qquad\qquad = -3\sqrt{5}$

または，$(-3\sqrt{30}) \div \sqrt{6} = -\dfrac{3\sqrt{30}}{\sqrt{6}}$

$\qquad\qquad\qquad = -\dfrac{3\sqrt{5} \times \sqrt{6}}{\sqrt{6}}$

$\qquad\qquad\qquad = -3\sqrt{5}$

(4) $(-\sqrt{12}) \times \sqrt{15} \div (-\sqrt{20}) = \dfrac{\sqrt{12} \times \sqrt{15}}{\sqrt{20}}$

$\qquad\qquad\qquad = \dfrac{2\sqrt{3} \times \sqrt{15}}{2\sqrt{5}}$

$\qquad\qquad\qquad = 3$

7

❾ (1) $5\sqrt{7}$ (2) $-3\sqrt{3}$

  (3) $7\sqrt{2}$ (4) $\sqrt{5}-2\sqrt{6}$

解き方 (1) $\sqrt{7}+4\sqrt{7}=(1+4)\sqrt{7}=5\sqrt{7}$

(2) $2\sqrt{3}-\sqrt{75}=2\sqrt{3}-5\sqrt{3}$
$$=-3\sqrt{3}$$

(3) $\sqrt{72}-\sqrt{32}+\sqrt{50}=6\sqrt{2}-4\sqrt{2}+5\sqrt{2}$
$$=7\sqrt{2}$$

(4) $6\sqrt{5}+\sqrt{24}-\sqrt{125}-4\sqrt{6}$
$$=6\sqrt{5}+2\sqrt{6}-5\sqrt{5}-4\sqrt{6}$$
$$=\sqrt{5}-2\sqrt{6}$$

❿ (1) $\dfrac{\sqrt{6}}{2}$ (2) $10-5\sqrt{2}$

  (3) $9-2\sqrt{14}$ (4) $-1-8\sqrt{5}$

解き方 (1) $\sqrt{6}-\dfrac{3}{\sqrt{6}}=\sqrt{6}-\dfrac{3\sqrt{6}}{6}$
$$=\sqrt{6}-\dfrac{\sqrt{6}}{2}$$
$$=\dfrac{\sqrt{6}}{2}$$

(2) $\sqrt{5}(\sqrt{20}-\sqrt{10})=\sqrt{5}\times\sqrt{20}-\sqrt{5}\times\sqrt{10}$
$$=\sqrt{5}\times2\sqrt{5}-\sqrt{5}\times\sqrt{5}\times\sqrt{2}$$
$$=10-5\sqrt{2}$$

(3) $(\sqrt{7}-\sqrt{2})^2=(\sqrt{7})^2-2\times\sqrt{2}\times\sqrt{7}+(\sqrt{2})^2$
$$=7-2\sqrt{14}+2$$
$$=9-2\sqrt{14}$$

(4) $(\sqrt{20}+3)(\sqrt{20}-7)$
$$=(\sqrt{20})^2+(3-7)\sqrt{20}+3\times(-7)$$
$$=20-4\sqrt{20}-21$$
$$=-1-4\times2\sqrt{5}$$
$$=-1-8\sqrt{5}$$

⓫ 18

解き方 $x^2-8x+16$ を因数分解すると，$(x-4)^2$
この式に $x=4-3\sqrt{2}$ を代入すると，
$$\{(4-3\sqrt{2})-4\}^2=(-3\sqrt{2})^2=18$$

⓬ $15\sqrt{2}$ cm

解き方 切り口の正方形の面積は，
$$30\times30\times\dfrac{1}{2}=450\ (\text{cm}^2)$$
だから，1辺の長さは，この値の平方根のうち，正の方で，$\sqrt{450}=15\sqrt{2}$ (cm)

---

p.16-17 **Step ❸**

❶ (1) ① $6,\ -6$ ② -6 ③ 6 ④ 6

  (2) $\sqrt{7},\ 2.6,\ \dfrac{5}{2},\ \sqrt{6}$

❷ (1) ① $8.295\leqq a<8.305$ ② $55.85\leqq a<55.95$

  ③ $130.5\leqq a<131.5$

  (2) ① $9.58\times10^3\,\text{km}$ ② $3.780\times10^5\,\text{km}^2$

❸ (1) $5\sqrt{3}$ (2) $\sqrt{2}$ (3) $\dfrac{4\sqrt{6}}{3}$

❹ (1) 3.464 (2) 10.392 (3) 0.433

❺ (1) $-10\sqrt{6}$ (2) 48 (3) $-6\sqrt{2}$

  (4) $-3\sqrt{3}$ (5) $-\sqrt{3}$ (6) $3\sqrt{5}$

  (7) $4-2\sqrt{3}$ (8) $9+6\sqrt{2}$ (9) 17

❻ (1) 1 (2) $4\sqrt{6}$

❼ $6\sqrt{2}$ cm

解き方

❶ (1) ① 正の数には平方根は2つあって，それらの絶対値は等しく，符号は異なるから，36の平方根は6と -6 です。$\pm$ の記号を用いて，±6 としてもよいです。

② $-\sqrt{36}=-\sqrt{6^2}=-6$

③ $\sqrt{(-6)^2}=\sqrt{36}=\sqrt{6^2}=6$

④ $(-\sqrt{6})^2=(-\sqrt{6})\times(-\sqrt{6})=6$

(2) $2.6^2=6.76,\ \left(\dfrac{5}{2}\right)^2=\dfrac{25}{4}=6.25,\ (\sqrt{6})^2=6,$
$(\sqrt{7})^2=7$

$7>6.76>6.25>6$ だから，
$$\sqrt{7}>\sqrt{6.76}>\sqrt{6.25}>\sqrt{6}$$
よって，$\sqrt{7}>2.6>\dfrac{5}{2}>\sqrt{6}$

❷ (1) それぞれの測定値の一番右の数字を，四捨五入して得られた値と考えます。

(2) (整数部分が1桁の小数)×(10の累乗)
の形で表します。有効数字の桁数と累乗の指数をまちがえないように注意します。

❸ (1) $\sqrt{3}$ を分母，分子にかけます。
$$\dfrac{15}{\sqrt{3}}=\dfrac{15\times\sqrt{3}}{\sqrt{3}\times\sqrt{3}}$$
$$=\dfrac{15\sqrt{3}}{3}$$
$$=5\sqrt{3}$$

(2) $\sqrt{2}$ を分母，分子にかけます。

$$\frac{8}{4\sqrt{2}} = \frac{8 \times \sqrt{2}}{4\sqrt{2} \times \sqrt{2}}$$
$$= \frac{8\sqrt{2}}{8}$$
$$= \sqrt{2}$$

(3) $\sqrt{}$ の中を，なるべく小さな自然数に変形してから，$\sqrt{6}$ を分母，分子にかけて有理化します。

$$\frac{24}{\sqrt{54}} = \frac{24}{3\sqrt{6}}$$
$$= \frac{8}{\sqrt{6}}$$
$$= \frac{8 \times \sqrt{6}}{\sqrt{6} \times \sqrt{6}}$$
$$= \frac{8 \times \sqrt{6}}{6}$$
$$= \frac{4\sqrt{6}}{3}$$

❹ $\sqrt{}$ の中を簡単な数にしたり，分母を有理化したりしてから計算します。

(1) $\sqrt{12} = 2\sqrt{3} = 2 \times 1.732 = 3.464$

(2) $\sqrt{108} = 6\sqrt{3} = 6 \times 1.732 = 10.392$

(3) $\frac{3}{4\sqrt{3}} = \frac{3 \times \sqrt{3}}{4\sqrt{3} \times \sqrt{3}}$
$$= \frac{3\sqrt{3}}{12}$$
$$= \frac{\sqrt{3}}{4}$$
$$= 1.732 \div 4$$
$$= 0.433$$

❺ (1) $-\sqrt{12} \times \sqrt{50} = -2\sqrt{3} \times 5\sqrt{2}$
$$= -2 \times 5 \times \sqrt{3} \times \sqrt{2}$$
$$= -10\sqrt{6}$$

(2) $(-\sqrt{32}) \times (-\sqrt{72}) = (-4\sqrt{2}) \times (-6\sqrt{2})$
$$= 4 \times 6 \times \sqrt{2} \times \sqrt{2}$$
$$= 48$$

(3) $(-3\sqrt{40}) \div \sqrt{5} = -\frac{3\sqrt{40}}{\sqrt{5}}$
$$= -3 \times \sqrt{\frac{40}{5}}$$
$$= -3 \times \sqrt{8}$$
$$= -3 \times 2\sqrt{2}$$
$$= -6\sqrt{2}$$

(4) $\sqrt{18} \div (-\sqrt{28}) \times \sqrt{42} = -\frac{\sqrt{18} \times \sqrt{42}}{\sqrt{28}}$
$$= -\frac{\sqrt{18 \times 42}}{\sqrt{28}}$$
$$= -\sqrt{\frac{18 \times 42}{28}}$$
$$= -\sqrt{27}$$
$$= -3\sqrt{3}$$

(5) $\sqrt{108} - \sqrt{27} - \sqrt{48} = 6\sqrt{3} - 3\sqrt{3} - 4\sqrt{3}$
$$= -\sqrt{3}$$

(6) $\sqrt{125} - \frac{10}{\sqrt{5}} = 5\sqrt{5} - \frac{10\sqrt{5}}{5}$
$$= 5\sqrt{5} - 2\sqrt{5}$$
$$= 3\sqrt{5}$$

(7) $\sqrt{2}(\sqrt{8} - \sqrt{6}) = \sqrt{16} - \sqrt{12}$
$$= 4 - 2\sqrt{3}$$

(8) $(\sqrt{3} + \sqrt{6})^2 = (\sqrt{3})^2 + 2 \times \sqrt{6} \times \sqrt{3} + (\sqrt{6})^2$
$$= 3 + 2\sqrt{18} + 6$$
$$= 9 + 6\sqrt{2}$$

(9) $(7\sqrt{2} + 9)(\sqrt{98} - 9) = (7\sqrt{2} + 9)(7\sqrt{2} - 9)$
$$= (7\sqrt{2})^2 - 9^2$$
$$= 98 - 81$$
$$= 17$$

❻ (1) $x^2 + 2x - 1 = x^2 + 2x + 1 - 2 = (x+1)^2 - 2$
この式に $x = \sqrt{3} - 1$ を代入すると，
$$(x+1)^2 - 2 = \{(\sqrt{3} - 1) + 1\}^2 - 2$$
$$= (\sqrt{3})^2 - 2$$
$$= 3 - 2$$
$$= 1$$

(2) $x^2 - y^2 = (x+y)(x-y)$
この式に $x = \sqrt{6} + 1$，$y = \sqrt{6} - 1$ を代入すると，
$(x+y)(x-y)$
$= \{(\sqrt{6} + 1) + (\sqrt{6} - 1)\}\{(\sqrt{6} + 1) - (\sqrt{6} - 1)\}$
$= 2\sqrt{6} \times 2$
$= 4\sqrt{6}$

❼ 底面の1辺の長さを $a$cm とすると，体積が720cm³ だから，
$a \times a \times 10 = 720$
$$a^2 = 72$$
$$a = \pm 6\sqrt{2}$$
$a > 0$ より，$a = 6\sqrt{2}$

3章 2次方程式

1節 2次方程式

p.19-21 **Step 2**

❶ ㋑, ㋒, ㋔

解き方 すべての項を左辺に移項して簡単にしたとき, 左辺が x の2次式になる方程式を, x についての2次方程式といいます。

㋒ $x^2-5x+6=0$

㋓ $x^2-2x-x^2-8=0$

$\qquad -2x-8=0$

㋔ $x^2-3x-4=0$

㋕ $x^3-2x=0$

❷ ㋓

解き方 それぞれの方程式の左辺に $x=-2$ を代入すると,

㋐ (左辺)$=(-2)^2+7\times(-2)+10=0$

㋑ (左辺)$=(-2)^2-7\times(-2)+10=28$

㋒ (左辺)$=(-2)^2+3\times(-2)-10=-12$

㋓ (左辺)$=(-2)^2-3\times(-2)-10=0$

それぞれの方程式の左辺に $x=5$ を代入すると,

㋐ (左辺)$=5^2+7\times5+10=70$

㋑ (左辺)$=5^2-7\times5+10=0$

㋒ (左辺)$=5^2+3\times5-10=30$

㋓ (左辺)$=5^2-3\times5-10=0$

どちらも方程式が成り立つのは㋓

❸ (1) $x=3,\ x=-6$　(2) $x=-1,\ x=-\dfrac{2}{3}$

(3) $x=3,\ x=6$　(4) $x=-5,\ x=1$

(5) $x=-6,\ x=-8$　(6) $x=-4,\ x=7$

(7) $x=2$　(8) $x=-8$

(9) $x=0,\ x=4$　(10) $x=0,\ x=-\dfrac{5}{2}$

(11) $x=5,\ x=-5$　(12) $x=-3,\ x=3$

解き方「2つの数や式を A, B とするとき, $AB=0$ ならば, $A=0$ または $B=0$」の考え方を使います。

(1) $(x-3)(x+6)=0$

$x-3=0$　または　$x+6=0$

だから, $x=3,\ x=-6$

(2) $(x+1)(3x+2)=0$

$x+1=0$　または　$3x+2=0$

だから, $x=-1,\ x=-\dfrac{2}{3}$

(3) $x^2-9x+18=0$

$\quad(x-3)(x-6)=0$

$\qquad\qquad x=3,\ x=6$

(4) $x^2+4x-5=0$

$\quad(x+5)(x-1)=0$

$\qquad\qquad x=-5,\ x=1$

(5) $x^2+14x+48=0$

$\quad(x+6)(x+8)=0$

$\qquad\qquad x=-6,\ x=-8$

(6) $x^2-3x-28=0$

$\quad(x+4)(x-7)=0$

$\qquad\qquad x=-4,\ x=7$

(7) $x^2-4x+4=0$

$\quad(x-2)^2=0$

$\qquad\qquad x=2$

(8) $x^2+16x+64=0$

$\quad(x+8)^2=0$

$\qquad\qquad x=-8$

(9) $\quad x^2=4x$

$x(x-4)=0$

$\qquad x=0,\ x=4$

(10) $2x^2+5x=0$

$\quad x(2x+5)=0$

$\qquad\qquad x=0,\ x=-\dfrac{5}{2}$

(11) $\quad x^2-25=0$

$(x+5)(x-5)=0$

$\qquad\qquad x=5,\ x=-5$

(12) $\quad -x^2+9=0$

$(3+x)(3-x)=0$

$\qquad\qquad x=-3,\ x=3$

❹ (1) $x=-5,\ x=2$　(2) $x=3$

(3) $x=4,\ x=6$　(4) $x=-1,\ x=-3$

(5) $x=-2,\ x=9$　(6) $x=1,\ x=2$

(7) $x=-2$　(8) $x=3,\ x=12$

解き方 (1) $\qquad 4x^2+12x-40=0$

両辺を 4 でわると, $x^2+3x-10=0$

$\qquad\qquad (x+5)(x-2)=0$

$\qquad\qquad\qquad x=-5,\ x=2$

(2) $\qquad\qquad\qquad 18x=3x^2+27$

移項すると, $\qquad -3x^2+18x-27=0$

両辺を -3 でわると, $x^2-6x+9=0$

$\qquad\qquad\qquad (x-3)^2=0$

$\qquad\qquad\qquad\qquad x=3$

(3) $\qquad\qquad\qquad 5x^2=50x-120$

移項すると, $\qquad 5x^2-50x+120=0$

両辺を 5 でわると, $x^2-10x+24=0$

$\qquad\qquad\qquad (x-4)(x-6)=0$

$\qquad\qquad\qquad\qquad x=4,\ x=6$

(4) $\qquad\qquad 2x^2+4x+7=1-4x$

移項して整理すると, $2x^2+8x+6=0$

両辺を 2 でわると, $\qquad x^2+4x+3=0$

$\qquad\qquad\qquad (x+1)(x+3)=0$

$\qquad\qquad\qquad\qquad x=-1,\ x=-3$

(5) $\qquad\qquad\qquad x(x-7)=18$

左辺を展開すると, $x^2-7x=18$

移項すると, $\qquad x^2-7x-18=0$

$\qquad\qquad\qquad (x+2)(x-9)=0$

$\qquad\qquad\qquad\qquad x=-2,\ x=9$

(6) $\qquad\qquad (x+3)(x-6)=-20$

左辺を展開すると, $x^2-3x-18=-20$

移項すると, $\qquad x^2-3x+2=0$

$\qquad\qquad\qquad (x-1)(x-2)=0$

$\qquad\qquad\qquad\qquad x=1,\ x=2$

(7) $\qquad\qquad (x+3)^2=2x+5$

左辺を展開すると, $x^2+6x+9=2x+5$

移項すると, $\qquad x^2+4x+4=0$

$\qquad\qquad\qquad (x+2)^2=0$

$\qquad\qquad\qquad\qquad x=-2$

(8) $\qquad\qquad (x+6)^2=9(x-6)^2$

両辺を展開すると,

$\qquad x^2+12x+36=9x^2-108x+324$

$-8x^2+120x-288=0$

両辺を -8 でわると, $x^2-15x+36=0$

$\qquad\qquad\qquad (x-3)(x-12)=0$

$\qquad\qquad\qquad\qquad x=3,\ x=12$

❺ (1) $x=\pm\sqrt{6}$ $\qquad$ (2) $x=\pm4$

(3) $x=\pm2\sqrt{3}$ $\qquad$ (4) $x=\pm\dfrac{3}{4}$

(5) $x=-2\pm\sqrt{5}$ $\qquad$ (6) $x=1\pm3\sqrt{2}$

(7) $x=9,\ x=1$ $\qquad$ (8) $x=\dfrac{1}{2},\ x=-\dfrac{5}{2}$

解き方 (1) $x^2-6=0$

$\qquad\qquad x^2=6$

$\qquad\qquad x=\pm\sqrt{6}$

(2) $5x^2-80=0$ $\ -80$ を移項して, 両辺を 5 でわると,

$\qquad\qquad x^2=16$

$\qquad\qquad x=\pm4$

(3) $3x^2-36=0$ $\ -36$ を移項して, 両辺を 3 でわると,

$\qquad\qquad x^2=12$

$\qquad\qquad x=\pm2\sqrt{3}$

(4) $16x^2-9=0$ $\ -9$ を移項して, 両辺を 16 でわると,

$\qquad\qquad x^2=\dfrac{9}{16}$

$\qquad\qquad x=\pm\dfrac{3}{4}$

(5) $(x+2)^2=5$

$\qquad\qquad x+2=\pm\sqrt{5}$

$\qquad\qquad x=-2\pm\sqrt{5}$

(6) $(x-1)^2=18$

$\qquad\qquad x-1=\pm\sqrt{18}$

$\qquad\qquad x=1\pm3\sqrt{2}$

(7) $(x-5)^2=16$

$\qquad\qquad x-5=\pm4$

$\qquad\qquad x=5+4=9,\ x=5-4=1$

(8) $4(x+1)^2=9$ $\ $両辺を 4 でわると,

$\qquad\qquad (x+1)^2=\dfrac{9}{4}$

$\qquad\qquad x+1=\pm\dfrac{3}{2}$

$\qquad x=-1+\dfrac{3}{2}=\dfrac{1}{2},\ x=-1-\dfrac{3}{2}=-\dfrac{5}{2}$

❻ (1) $x=-2\pm\sqrt{3}$ $\qquad$ (2) $x=3\pm2\sqrt{3}$

解き方 (1) $x^2+4x=-1$

両辺に $\left(\dfrac{4}{2}\right)^2=2^2$ を加えると,

$x^2+4x+2^2=-1+2^2$

$\qquad (x+2)^2=3$

$\qquad\qquad x+2=\pm\sqrt{3}$

$\qquad\qquad x=-2\pm\sqrt{3}$

(2) $x^2-6x=3$

両辺に $\left(\dfrac{6}{2}\right)^2=3^2$ を加えると,

$x^2-6x+3^2=3+3^2$

$(x-3)^2=12$

$x-3=\pm\sqrt{12}$

$x=3\pm2\sqrt{3}$

❼ (ア) 2　　(イ) 5　　(ウ) 1

(エ) -5　(オ) 5　　(カ) 2

(キ) 1　　(ク) 2　　(ケ) -5

(コ) 25　　(サ) 8　　(シ) 4

(ス) -5　(セ) 17　　(ソ) 4

[解き方] 解の公式に代入する a, b, c の値を確認します。解の公式を正確に覚えて使いこなせるようにしておきましょう。

❽ (1) $x=\dfrac{-3\pm\sqrt{5}}{2}$　　(2) $x=\dfrac{1\pm\sqrt{7}}{3}$

(3) $x=\dfrac{2\pm\sqrt{6}}{2}$　　(4) $x=\dfrac{3}{2},\ x=-\dfrac{1}{3}$

(5) $x=-2\pm2\sqrt{3}$　　(6) $x=\dfrac{3}{2},\ x=1$

(7) $x=\dfrac{1\pm\sqrt{5}}{2}$　　(8) $x=\dfrac{5}{2},\ x=-1$

[解き方] 2次方程式 $ax^2+bx+c=0$ の解の公式は,

$x=\dfrac{-b\pm\sqrt{b^2-4ac}}{2a}$

(1) $x=\dfrac{-3\pm\sqrt{3^2-4\times1\times1}}{2\times1}$

$=\dfrac{-3\pm\sqrt{5}}{2}$

(2) $x=\dfrac{-(-2)\pm\sqrt{(-2)^2-4\times3\times(-2)}}{2\times3}$

$=\dfrac{2\pm\sqrt{28}}{6}$

$=\dfrac{2\pm2\sqrt{7}}{6}$

$=\dfrac{1\pm\sqrt{7}}{3}$

(3) $x=\dfrac{-(-4)\pm\sqrt{(-4)^2-4\times2\times(-1)}}{2\times2}$

$=\dfrac{4\pm\sqrt{24}}{4}$

$=\dfrac{4\pm2\sqrt{6}}{4}$

$=\dfrac{2\pm\sqrt{6}}{2}$

(4) $x=\dfrac{-(-7)\pm\sqrt{(-7)^2-4\times6\times(-3)}}{2\times6}$

$=\dfrac{7\pm\sqrt{121}}{12}=\dfrac{7\pm11}{12}$

$x=\dfrac{7+11}{12}$ または $x=\dfrac{7-11}{12}$

よって, $x=\dfrac{3}{2},\ x=-\dfrac{1}{3}$

(5) $x=\dfrac{-4\pm\sqrt{4^2-4\times1\times(-8)}}{2\times1}$

$=\dfrac{-4\pm\sqrt{48}}{2}=\dfrac{-4\pm4\sqrt{3}}{2}$

$=-2\pm2\sqrt{3}$

(6) $x=\dfrac{-(-5)\pm\sqrt{(-5)^2-4\times2\times3}}{2\times2}$

$=\dfrac{5\pm1}{4}$

$x=\dfrac{5+1}{4}$ または $x=\dfrac{5-1}{4}$

よって, $x=\dfrac{3}{2},\ x=1$

(7) $x^2-1=x$

$x^2-x-1=0$

$x=\dfrac{-(-1)\pm\sqrt{(-1)^2-4\times1\times(-1)}}{2\times1}$

$=\dfrac{1\pm\sqrt{5}}{2}$

(8) $2x^2-3x-2=3$

$2x^2-3x-5=0$

$x=\dfrac{-(-3)\pm\sqrt{(-3)^2-4\times2\times(-5)}}{2\times2}$

$=\dfrac{3\pm\sqrt{49}}{4}=\dfrac{3\pm7}{4}$

$x=\dfrac{3+7}{4}$ または $x=\dfrac{3-7}{4}$

よって, $x=\dfrac{5}{2},\ x=-1$

❾ (1) $x=4,\ x=-10$　　(2) $x=\dfrac{1}{3}$

[解き方] (1) $(x+3)^2-49=0$　-49 を移項すると,

$(x+3)^2=49$

$x+3=\pm7$

$x=-3+7=4,\ x=-3-7=-10$

(2) $18x^2=12x-2$

$18x^2-12x+2=0$

両辺を2でわると,

$9x^2-6x+1=0$

$(3x-1)^2=0$

$x=\dfrac{1}{3}$

2節 2次方程式の利用

p.23 **Step ❷**

❶ 3，4，5

解き方 連続する3つの自然数は，x，$x+1$，$x+2$ と表せるから，

$$x^2=(x+1)+(x+2)$$
$$x^2-2x-3=0$$
$$(x+1)(x-3)=0$$
$$x=-1,\ x=3$$

x は自然数なので，-1 は問題の答えとすることはできない。

$x=3$ のとき，残りの自然数は4と5で，3，4，5は問題の答えとしてよい。

　別解 連続する3つの自然数を，$x-1$，x，$x+1$ としても求められる。

$$(x-1)^2=x+(x+1)$$
$$x^2-2x+1=2x+1$$
$$x^2-4x=0$$
$$x(x-4)=0$$
$$x=0,\ 4$$

x は自然数なので，0は問題の答えとすることはできない。

$x=4$ のとき，連続する3つの数は3，4，5で，問題の答えとしてよい。

❷ 15，17

解き方 連続する2つの正の奇数は，n を整数として，$2n-1$，$2n+1$ と表せるから，

$$(2n+1)(2n-1)=255$$
$$4n^2-1=255$$
$$4n^2=256$$
$$n^2=64$$
$$n=\pm8$$

$n=-8$ のとき，連続する2つの奇数は -15 と -17 で，負の数となり，問題の答えとすることはできない。

$n=8$ のとき，連続する2つの奇数は15と17で，問題の答えとしてよい。

❸ 4秒後，8秒後

解き方 x 秒後の PC と CQ の長さは，

PC$=24-2x$（cm），CQ$=x$ cm と表せるから，

$$\triangle\text{PCQ}=\frac{1}{2}\times\text{PC}\times\text{CQ}$$
$$=\frac{1}{2}\times(24-2x)\times x$$
$$=x(12-x)(\text{cm}^2)$$

$\triangle$PCQ の面積が 32cm^2 となるのは，

$$x(12-x)=32$$
$$12x-x^2-32=0$$
$$x^2-12x+32=0$$
$$(x-4)(x-8)=0$$
$$x=4,\ 8$$

x の変域は $0<x<12$ なので，2つの解は，どちらも問題の答えとしてよい。

❹ (1) $(30-2x)(36-2x)=720$　　(2) 3m

解き方 (1) 花壇の縦の長さは $(30-2x)$m，横の長さは $(36-2x)$m と表せるから，

$$(30-2x)(36-2x)=720$$

(2) $(30-2x)(36-2x)=720$

$$1080-132x+4x^2=720$$
$$4x^2-132x+360=0$$
$$x^2-33x+90=0$$
$$(x-3)(x-30)=0$$
$$x=3,\ x=30$$

$x=3$ のとき，花壇の縦の長さは24m，横の長さは30mで，問題の答えとしてよい。

$x=30$ のとき，花壇はできないので，問題の答えとすることはできない。

p.24-25 **Step ③**

❶ ⑦

❷ (1) $x=-1$, $x=-7$ (2) $x=-8$, $x=3$

(3) $x=-6$ (4) $x=-4$, $x=5$ (5) $x=10$

(6) $x=7$, $x=9$ (7) $x=\pm 2\sqrt{6}$ (8) $x=\pm\dfrac{2}{9}$

(9) $x=-4\pm 2\sqrt{5}$ (10) $x=10$, $x=-4$

(11) $x=\dfrac{7\pm\sqrt{17}}{4}$ (12) $x=-2$, $x=\dfrac{4}{3}$

❸ (1) $x=-2$, $x=6$ (2) $x=-3$, $x=2$

(3) $x=-1$ (4) $x=-1$, $x=8$

(5) $x=-2\pm\sqrt{10}$ (6) $x=-\dfrac{1}{4}$, $x=2$

❹ (1) $a=-32$ (2) $x=-8$

❺ (1) 8, 12 (2) 2, 3, 4

❻ 10 cm

解き方

❶ それぞれの式の x に -2, 1 を代入し, 左辺と右辺が等しくなるか調べます。

❷ (2) $(x+8)(x-3)=0$ より, $x=-8$, $x=3$

(5) $x^2-20x+100=0$

$(x-10)^2=0$ より, $x=10$

(6) $x^2-16x+63=0$

$(x-7)(x-9)=0$ より, $x=7$, $x=9$

(8) $81x^2=4$

$x^2=\dfrac{4}{81}$ より, $x=\pm\dfrac{2}{9}$

(9) $(x+4)^2=20$

$x+4=\pm\sqrt{20}$　よって, $x=-4\pm 2\sqrt{5}$

(10) $(x-3)^2=49$

$x-3=\pm 7$　よって, $x=10$, $x=-4$

(12) $(x+2)(3x-4)=0$ より, $x=-2$, $x=\dfrac{4}{3}$

❸ (1) 移項して整理し, 両辺を4でわると,

$x^2-4x-12=0$

$(x+2)(x-6)=0$ より, $x=-2$, $x=6$

(4) 展開して整理すると, $x^2-7x-8=0$

$(x+1)(x-8)=0$ より, $x=-1$, $x=8$

(5) 展開して整理すると, $x^2+4x-6=0$

$x=\dfrac{-4\pm\sqrt{4^2-4\times 1\times(-6)}}{2\times 1}$

$=\dfrac{-4\pm\sqrt{40}}{2}=\dfrac{-4\pm 2\sqrt{10}}{2}=-2\pm\sqrt{10}$

❹ (1) $x^2+4x+a=0$ に $x=4$ を代入すると,

$4^2+4\times 4+a=0$

$16+16+a=0$

$a=-32$

(2) $x^2+4x+a=0$ に $a=-32$ を代入すると,

$x^2+4x-32=0$

$(x-4)(x+8)=0$,

$x=4$, $x=-8$

よって, ほかの解は, $x=-8$

❺ (1) 一方の自然数を x とすると, もう一方の自然数は $20-x$ と表せるから,

$x(20-x)=96$

$20x-x^2=96$

$x^2-20x+96=0$

$(x-8)(x-12)=0$

$x=8$, $x=12$

$x=8$ のとき, もう一方の自然数は 12 で, 問題の答えとしてよい。$x=12$ のとき, もう一方の自然数は 8 で, 問題の答えとしてよい。

(2) 連続する3つの自然数を x, $x+1$, $x+2$ とすると,

$x^2+(x+1)^2+(x+2)^2=6(x+2)+5$

$x^2+x^2+2x+1+x^2+4x+4=6x+12+5$

$3x^2=12$

$x^2=4$

$x=\pm 2$

x は自然数なので, -2 は問題の答えとすることはできない。$x=2$ のとき, 残りの自然数は 3 と 4 で, 2, 3, 4 は問題の答えとしてよい。

❻ もとの長方形の紙の縦の長さを x cm とすると, 横の長さは $(x+5)$ cm と表せるから,

$(x-3\times 2)\{(x+5)-3\times 2\}\times 3=108$

$(x-6)(x-1)=36$

$x^2-7x+6=36$

$x^2-7x-30=0$

$(x+3)(x-10)=0$

$x=-3$, $x=10$

縦の長さは 6 cm より長くなければならないので, $x=-3$ は問題の答えとすることはできない。$x=10$ のとき, 縦の長さは 10 cm, 横の長さは 15 cm で, 問題の答えとしてよい。

4章 関数

1節 関数 $y = ax^2$

p.27 **Step ❷**

❶ (1) $y = 6x^2$　　　　(2) $y = \dfrac{1}{16}x^2$

解き方 (1) 立方体は 6 つの正方形の面でできているので，立方体の表面積は，$y = x^2 \times 6 = 6x^2$

(2) 正方形の 1 辺の長さは $\dfrac{x}{4}$ cm だから，面積は，

$\dfrac{x}{4} \times \dfrac{x}{4} = \dfrac{1}{16}x^2$

❷ (1) 3　　　　　　　(2) -5

解き方 (1) x の増加量は，$5 - 1 = 4$

y の増加量は，$\dfrac{1}{2} \times 5^2 - \dfrac{1}{2} \times 1^2 = 12$

よって，変化の割合は，$\dfrac{12}{4} = 3$

または，次のように 1 つの式に表して計算してもよいです。

$$(変化の割合) = \dfrac{\left(\dfrac{1}{2} \times 5^2\right) - \left(\dfrac{1}{2} \times 1^2\right)}{5 - 1}$$
$$= \dfrac{12}{4}$$
$$= 3$$

(2) x の増加量は，$-2 - (-8) = 6$

y の増加量は，$\dfrac{1}{2} \times (-2)^2 - \dfrac{1}{2} \times (-8)^2 = -30$

よって，変化の割合は，$\dfrac{-30}{6} = -5$

❸ (1) $y = 2x^2$　　　　(2) $y = -\dfrac{1}{3}x^2$

解き方 (1) y は x の 2 乗に比例するから，比例定数を a とすると，$y = ax^2$ と表される。

$y = ax^2$ に $x = -3$，$y = 18$ を代入すると，

$18 = a \times (-3)^2$

$a = 2$

だから，$y = 2x^2$

(2) $y = ax^2$ に $x = 6$，$y = -12$ を代入すると，

$-12 = a \times 6^2$

$a = -\dfrac{1}{3}$

だから，$y = -\dfrac{1}{3}x^2$

❹ (1) $y = \dfrac{2}{3}x^2$　　　　(2) $y = -3x^2$

(3) $y = -\dfrac{1}{4}x^2$

解き方 頂点が原点である放物線の式は $y = ax^2$ で表されるから，a の値を求めれば式を求めることができます。グラフ上で，x と y の値が整数になる点を読み取り，$y = ax^2$ に x と y の値を代入して a の値を求めます。

(1) グラフは点 $(3, 6)$ を通るから，式 $y = ax^2$ に $x = 3$，$y = 6$ を代入すると，

$6 = a \times 3^2$

$a = \dfrac{2}{3}$

だから，$y = \dfrac{2}{3}x^2$

(2) グラフは点 $(1, -3)$ を通るから，式 $y = ax^2$ に $x = 1$，$y = -3$ を代入すると，

$-3 = a \times 1^2$

$a = -3$

だから，$y = -3x^2$

(3) グラフは点 $(2, -1)$ を通るから，式 $y = ax^2$ に $x = 2$，$y = -1$ を代入すると，

$-1 = a \times 2^2$

$a = -\dfrac{1}{4}$

だから，$y = -\dfrac{1}{4}x^2$

2節 関数の利用

p.29 **Step 2**

❶ (1) $y = x^2$

(2) $y = 3x$

(3) 右の図

(4) 5秒後

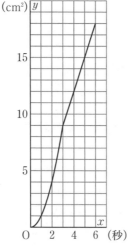

(cm²)

解き方 P は6秒後に B に到着します。Q は3秒後に D に到着し，6秒後に C に到着します。

(1) $0 \leqq x \leqq 3$ のとき，
P は辺 AB 上，Q は辺 AD 上にあります。

△APQ で，

　底辺は AP で，$x$cm

　高さは AQ で，$2x$cm

だから，△APQ の面積は，

$$y = \frac{1}{2} \times x \times 2x$$

よって，$y = x^2$

(2) $3 \leqq x \leqq 6$ のとき，
P は辺 AB 上，Q は辺 DC 上にあります。

△APQ で，

　底辺は AP で，$x$cm

　高さは点 Q の位置に関係なく，

　一定になり AD＝6cm

だから，△APQ の面積は，

$$y = \frac{1}{2} \times x \times 6$$

よって，$y = 3x$

(3) (1) より，$0 \leqq x \leqq 3$ のとき，グラフは放物線 $y = x^2$ になり，(2) より，$3 \leqq x \leqq 6$ のとき，グラフは直線 $y = 3x$ になります。

(4) (3) のグラフから，$y = 15$ になるのは，$3 \leqq x \leqq 6$ のときです。

よって，$y = 3x$ に $y = 15$ を代入すると，

$$15 = 3x$$

$$x = 5$$

したがって，△APQ の面積が 15cm² になるのは 5秒後です。

　別解 (3) のグラフから，$y = 15$ になるのは，$x = 5$ と求めてもよいです。

❷ (1) y は x の関数であるといえる。

　　x は y の関数であるといえない。

(2) ① 200円　　　　② 320円

(3) 30km 以上 35km 未満

解き方 (1) ともなって変わる2つの数量 x，y があって x の値を決めると，それにともなって y の値がただ1つに決まるとき，y は x の関数であるといいます。乗車距離 x を決めると，運賃 y が1つに決まるので，y は x の関数であるといえます。

例えば，運賃を160円に決めても，この運賃に対応する乗車距離はいくつもあります。このように，運賃 y を決めても，乗車距離 x が1つに決まらないので，x は y の関数であるといえません。

(2)

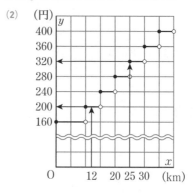

(円)

「●」はその点をふくむことを，「○」はその点をふくまないことを表しているので，乗車距離が25km のときの運賃は320円です。280円としないように注意しましょう。

❶ (1) $a=-\dfrac{1}{8}$　(2) $y=-2$　(3) $-\dfrac{3}{2}$

　(4) $-8\leqq y\leqq 0$

❷ (1) ⑦　(2) ⑦　(3) ⑦

❸ (1) ⑦, ⑦　(2) ⑦, ⑦　(3) ⑦, ⑦, ⑦　(4) ⑦

❹ (1) 20 m　(2) 4 秒

　(3) 秒速 40 m

❺ (1) $y=\dfrac{1}{2}x^2$

　(2) $x=2\sqrt{2}$

　(3) $y=8$

　(4) 右の図

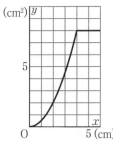

解き方

❶ (1) $y=ax^2$ に $x=2$, $y=-\dfrac{1}{2}$ を代入すると,

$$-\dfrac{1}{2}=a\times 2^2$$
$$a=-\dfrac{1}{8}$$

(2) $y=-\dfrac{1}{8}x^2$ に $x=-4$ を代入すると,

$$y=-\dfrac{1}{8}\times(-4)^2=-2$$

(3) (変化の割合) $=\dfrac{\left(-\dfrac{1}{8}\times 8^2\right)-\left(-\dfrac{1}{8}\times 4^2\right)}{8-4}$

$$=\dfrac{-6}{4}$$
$$=-\dfrac{3}{2}$$

(4) 関数 $y=-\dfrac{1}{8}x^2$ で, x の変域が $-8\leqq x\leqq 4$ のとき, グラフは右の図 の実線部分になります。

$x=0$ のとき, y は最大値 0

$x=-8$ のとき, y は最小値 -8

したがって, y の変域は, $-8\leqq y\leqq 0$

❷ (1) $x=1$ のとき $y=1$ だから, $y=ax^2$ に代入して,

$1=a\times 1^2$, $a=1$ より $y=x^2$ だから⑦。

(2) $x=3$ のとき $y=3$ だから, $y=ax^2$ に代入して,

$3=a\times 3^2$, $a=\dfrac{1}{3}$ より $y=\dfrac{1}{3}x^2$ だから⑦。

(3) $x=2$ のとき $y=-2$ だから, $y=ax^2$ に代入して,

$-2=a\times 2^2$, $a=-\dfrac{1}{2}$ より $y=-\dfrac{1}{2}x^2$ だから⑦。

❸ (1) それぞれの関数の式に $x=-4$, $y=8$ を代入し て, 方程式が成り立つものなので, ⑦, ⑦です。

(2) 関数 $y=ax^2$ のグラフは, $a>0$ のとき, 上に開 くので, ⑦, ⑦です。

(3) $y=ax^2$ で, $x>0$ の範囲で, x の値が増加する と y の値が減少するのは $a<0$ のときです。

よって, ⑦, ⑦です。また, ⑦も右下がりの直線 です。

(4) 関数 $y=ax^2$ と $y=-ax^2$ のグラフは, x 軸に ついて対称です。よって, $y=2x^2$ と x 軸につい て対称になるのは, ⑦です。

❹ (1) 物体を落としてから 2 秒後なので, $y=5x^2$ に $x=2$ を代入して, $y=5\times 2^2=20$ (m)

(2) 80 m の高さから落とすので, $y=80$ を代入して,

$80=5x^2$, $x^2=16$

よって, $x=\pm 4$

$x>0$ より, $x=4$(秒)

(3) $x=3$ のとき $y=45$, $x=5$ のとき $y=125$

よって, 2 秒間で 80 m 落下しているので, 平均の 速さは $80\div 2=40$ となり, 秒速 40 m となります。

❺ (1) 重なった部分の図形は, 直角をはさむ 2 辺が x cm の直角二等辺三角形になる から,

$y=\dfrac{1}{2}x^2$

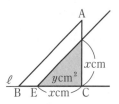

(2) △ABC の面積の半分は,

$\left(\dfrac{1}{2}\times 4\times 4\right)\times\dfrac{1}{2}=4$ (cm²)　だから,

$$\dfrac{1}{2}x^2=4$$
$$x^2=8$$
$$x=\pm 2\sqrt{2}$$

$x>0$ だから, $x=2\sqrt{2}$

(3) $4\leqq x\leqq 6$ のとき, △ABC はすべて △DEF の中にふくまれてしまう から,

$y=$△ABC$=8$

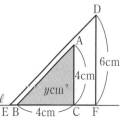

(4) $0\leqq x\leqq 4$ のとき, $y=\dfrac{1}{2}x^2$

$4\leqq x\leqq 6$ のとき, $y=8$ のグラフをかきます。

5章 相似と比

1節 相似な図形

p.33-34　**Step ❷**

❶ (1)

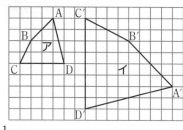

(2) $\dfrac{1}{2}$ 倍に縮小

解き方 (1)相似な図形では,対応する角はそれぞれ等しいことから,頂点を決めます。

❷ 相似比 2 : 3, $x=25$, $y=6$

解き方 相似比は, AB : DE = 8 : 12 = 2 : 3
相似な図形の対応する角は等しいから,
∠C = ∠F = 125°
よって, $x°=180°-(30°+125°)=25°$
4 : y = 2 : 3
$2y=12$
$y=6$

❸ (1)　　　　　　　(2)

解き方 (1)図形アの頂点を A, B, C とすると, 点 O と△ABC の各頂点を通る直線 OA, OB, OC 上に, OA : OA′ = OB : OB′ = OC : OC′ = 2 : 1 となるような 3 点 A′, B′, C′ をとって△A′B′C′ をかきます。

❹ OB : OE = 3 : 5　OC : CF = 3 : 8

解き方 相似の位置にある 2 つの図形では, 相似の中心から対応する点までの距離の比はすべて等しいから, OB : OE = OA : OD = 3 : 5
また, OC : OF = 3 : 5 だから,
OC : CF = OC : (OC + OF) = 3 : (3 + 5) = 3 : 8

❺ ア と ク, 相似条件 2 組の角がそれぞれ等しい。
　イ と キ, 相似条件 3 組の辺の比がすべて等しい。
　ウ と カ, 相似条件 2 組の辺の比が等しく, その間の角が等しい。

解き方 クの三角形の残りの角の大きさは,
$180°-(85°+45°)=50°$ だから, ア と ク は 2 組の角がそれぞれ等しいです。
イ と キ の 3 組の辺の比は, すべて 2 : 1 で等しくなります。
ウ と カ の 50° の角をはさむ 2 組の辺の比は, 2 : 3 で等しくなります。

❻ (1) (例)△ABC と △DAC で,
仮定から,
　　∠BAC = ∠ADC(= 90°)　……①
共通な角だから,
　　∠ACB = ∠DCA　　　　　……②
①, ② から, 2 組の角がそれぞれ等しいから,
　　△ABC ∽ △DAC
(2) AC 20 cm, BD 9 cm

解き方 (2) △ABC ∽ △DAC だから,
AC : DC = AB : DA
AC : 16 = 15 : 12
AC × 12 = 16 × 15
AC = $\dfrac{16×15}{12}$ = 20(cm)
AC : DC = BC : AC
20 : 16 = BC : 20
20 × 20 = 16 × BC
BC = $\dfrac{20×20}{16}$ = 25(cm)
よって, BD = 25 - 16 = 9(cm)

❼ (例)△ABC と △AED において,
AB : AE = 20 : 10 = 2 : 1 ……①
AC : AD = 16 : 8 = 2 : 1 ……②
∠A は共通 ……③
①, ②, ③ より, 2 組の辺の比とその間の角がそれぞれ等しいから, △ABC ∽ △AED

解き方 相似な三角形を取り出し, 向きをそろえます。
1 つの角が共通であることから, その角をはさむ辺について比をとることを考えます。

2節 図形と比

p.36-37　**Step ②**

❶ (1) $x = \dfrac{7}{3}$, $y = 6$　　(2) $x = 6$, $y = 16$

解き方 (1) AD:AB＝DE:BC だから，

$x:7 = 3:9$

よって，$x = \dfrac{7 \times 3}{9} = \dfrac{7}{3}$

また，AD:DB＝AE:EC だから，

$\dfrac{7}{3}:\left(7 - \dfrac{7}{3}\right) = 3:y$

$\qquad 1:2 = 3:y$

よって，$y = 6$

(2) AD:AB＝AE:AC だから，

$9:12 = x:8$

よって，$x = \dfrac{9 \times 8}{12} = 6$

AD:AB＝DE:BC だから，

$9:12 = 12:y$

よって，$y = \dfrac{12 \times 12}{9} = 16$

❷ 12cm

解き方 AD∥BC だから，

AO:OC＝AD:BC＝10:15＝2:3

EO∥BC だから，

EO:BC＝2:(2＋3)

EO:15＝2:5

よって，$EO = \dfrac{15 \times 2}{5} = 6$(cm)

AD∥OF だから，

OF:AD＝3:(2＋3)

OF:10＝3:5

$OF = \dfrac{10 \times 3}{5} = 6$(cm)

よって，EF＝6＋6＝12(cm)

❸ DF と BC

理由 AD:DB＝9:21＝3:7

AF:FC＝7.5:17.5＝3:7

よって，三角形と比の定理の逆より，DF∥BC

解き方 平行になる可能性のある2本の直線について，三角形と比の定理の逆が成り立つかを調べます。

❹ (1) $x = \dfrac{28}{5}$, $y = 10$　　(2) $x = \dfrac{15}{2}$, $y = \dfrac{25}{2}$

解き方 (1) $4:x = 5:7$　これを解くと，$x = \dfrac{28}{5}$

また，$x:8 = 7:y$

$\dfrac{28}{5}:8 = 7:y$　これを解くと，$y = 10$

(2) $x:5 = 6:4$　これを解くと，$x = \dfrac{15}{2}$

また，$x:y = 6:10$

$\dfrac{15}{2}:y = 3:5$　これを解くと，$y = \dfrac{25}{2}$

❺ (1) (例) △ABC で，P，Q はそれぞれ辺 AB，BC の中点だから，中点連結定理より，

$\quad$ PQ∥AC，$PQ = \dfrac{1}{2}AC$　……①

同様に，△ACD で，R，S はそれぞれ辺 CD，DA の中点だから，中点連結定理より，

$\quad$ SR∥AC，$SR = \dfrac{1}{2}AC$　……②

①，②から，PQ∥SR，PQ＝SR

したがって，1組の対辺が平行でその長さが等しいから，四角形 PQRS は平行四辺形である。

(2) ① ひし形　　　② 長方形

解き方 (2) ① $PQ = SR = \dfrac{1}{2}AC$，$QR = PS = \dfrac{1}{2}BD$

だから，AC＝BD のとき，PQ＝SR＝QR＝PS

② AC⊥BD のとき，PQ⊥QR

平行四辺形で，1つの角が直角になるから，長方形。

❻ $x = 6$, $y = 3$

解き方 △ABC で，AM＝MB，AN＝NC より，中点連結定理から，$MN = \dfrac{1}{2}BC$

よって，$x = \dfrac{1}{2} \times 12 = 6$

△DMN で，DP＝PM，DQ＝QN より，中点連結定理から，$PQ = \dfrac{1}{2}MN$

よって，$y = \dfrac{1}{2} \times 6 = 3$

❼ (1) 5:3　　　(2) $\dfrac{27}{4}$ cm

解き方 (1) BD:CD＝AB:AC＝15:9＝5:3

(2) DC＝x とすると，BD:DC＝5:3 より，

$(18 - x):x = 5:3$

$\quad 3(18 - x) = 5x$

これを解くと，$x = \dfrac{27}{4}$(cm)

3節 相似な図形の面積と体積

4節 相似な図形の利用

p.39 **Step 2**

❶ (1) 4:9　　　　　　　(2) 25:9

解き方 相似比が $m:n$ である 2 つの図形の面積の比は，$m^2:n^2$ です。

(1) 正三角形はすべて相似な図形だから，アとイの相似比は，

$4:6＝2:3$

よって，面積の比は，

$2^2:3^2＝4:9$

(2) 円はすべて相似な図形だから，円 O と O′ の相似比は，

$15:9＝5:3$

よって，面積の比は，

$5^2:3^2＝25:9$

❷ (1) 9:16　　　　　　　(2) 27:64

解き方 (1) 相似比が $m:n$ である 2 つの立体の表面積の比は，$m^2:n^2$ です。

アとイの相似比は，

$6:8＝3:4$

よって，表面積の比は，

$3^2:4^2＝9:16$

(2) 相似比が $m:n$ である 2 つの立体の体積の比は，$m^3:n^3$ です。

アとイの体積の比は，

$3^3:4^3＝27:64$

❸ (1) 4:5　　　　　　　(2) 256 cm^3

解き方 (1) 表面積の比が 16:25 だから，相似比は，

$\sqrt{16}:\sqrt{25}＝4:5$

(2) アとイの体積の比は，

$4^3:5^3＝64:125$

アの体積を x cm^3 とすると，

$x:500＝64:125$

$125x＝32000$

$x＝256$

❹ 約 29 m

解き方 直接には測ることが困難な 2 地点間の距離や高さを，相似な図形の性質を使って求めることができます。

$\dfrac{1}{500}$ の縮図では，

AC＝2500÷500

　　＝5 (cm)

BC＝1500÷500

　　＝3 (cm)

になります。

これより，△ABC の $\dfrac{1}{500}$ の縮図△A′B′C′ をかくと，下のようになります。

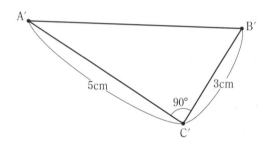

この縮図で，A′B′ の長さを測ると，約 5.8 cm だから，実際の A，B 間の距離は，

$5.8×500＝2900$ (cm)

よって，約 29 m

❶ (1) $x = \dfrac{36}{5}$　(2) $x = 14$

❷ (1) $x = 6$　(2) $x = 21$

❸ (1) $x = \dfrac{54}{5}$　(2) $x = 8$

❹ (例)△EBF と △CBD で，

四角形 EBCD は平行四辺形だから，

　　∠FEB＝∠DCB　　　……①

EB＝DC＝AB－AE＝8－2＝6cm だから，

　EB：CB＝6：12＝1：2　……②

EF∥BC だから，

AE：AB＝EF：BC より，

　2：8＝EF：12

　　24＝8EF

EF＝3cm だから，

　EF：CD＝3：6＝1：2　……③

①，②，③から，2 組の辺の比が等しく，その間の角が等しいので，

　　△EBF∽△CBD

❺ (1) 12m　(2) 16m

❻ (1) 1：7：19　(2) $48\pi\,\text{cm}^3$

解き方

❶ (1) △ABC∽△CBD だから，

AB：CB＝AC：CD

　15：12＝9：x，

よって，$x = \dfrac{12 \times 9}{15} = \dfrac{36}{5}$

(2) △ABD∽△ACB だから，

AB：AC＝AD：AB

24：AC＝18：24，

よって，AC $= \dfrac{24 \times 24}{18} = 32$

したがって，$x = 32 - 18 = 14$

❷ (1) AC：FC＝AB：FE＝15：10＝3：2

　AF：CF＝AB：CD

(3+2)：2＝15：x

　　5：2＝15：x

よって，$x = \dfrac{2 \times 15}{5} = 6$

(2) BD：DC＝AB：AC＝16：12＝4：3

BD：9＝4：3

よって，BD $= \dfrac{9 \times 4}{3} = 12$

したがって，$x = 12 + 9 = 21$

❸ (1) 5：9＝6：x

よって，$x = \dfrac{9 \times 6}{5} = \dfrac{54}{5}$

(2) 右の図のように，

a に平行な直線 b をひく。

4：(4+x)＝2：6

　　24＝8+2x

　　　$x＝8$

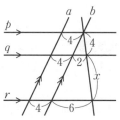

❹ 平行四辺形の対角は等しいことから，1 組の角が等しいことがわかります。辺の長さがわかっているので，等しい角をはさむ辺について比をとることを考えます。

❺ (1) 木の高さを x m とすると，

x：1.5＝14.4：1.8

　1.8x＝21.6

　　x＝12

(2) 木の影の長さを y m とすると，

12：1.5＝y：2

　1.5y＝24

　　y＝16

❻ (1) 立体ア，アとイを合わせた立体，アとイとウを合わせた立体は，どれも相似な円錐であり，相似比は，1：2：3 だから，体積の比は，

$1^3：2^3：3^3 = 1：8：27$

よって，アの体積を 1 とすると，

立体イの体積は，8－1＝7

立体ウの体積は，27－8＝19

したがって，立体ア，イ，ウの体積の比は，

1：7：19

(2) 立体イ，ウの体積を，それぞれ $x\,\text{cm}^3$，$y\,\text{cm}^3$ とすると，

x：108π＝7：27

よって，$x = \dfrac{108\pi \times 7}{27} = 28\pi\,(\text{cm}^3)$

y：108π＝19：27

よって，$y = \dfrac{108\pi \times 19}{27} = 76\pi\,(\text{cm}^3)$

したがって，その差は，$76\pi - 28\pi = 48\pi\,(\text{cm}^3)$

6章 円

| 1節 円周角の定理 | 2節 円の性質の利用 |

p.43-45　**Step ❷**

❶ (1) 45　　(2) 84　　(3) 38
　(4) 68　　(5) 98　　(6) 53
　(7) 25　　(8) 54　　(9) 60

解き方 (2) 1つの弧に対する円周角の大きさは，その弧に対する中心角の大きさの半分だから，
$x = 42 \times 2 = 84$

(3) 半円の弧に対する円周角は直角です。また，三角形の内角の和は180°だから，
$x = 180 - (90 + 52) = 38$

(4) 1つの弧に対する円周角の大きさは，その弧に対する中心角の大きさの半分だから，
$x = \dfrac{1}{2} \times 136 = 68$

(5)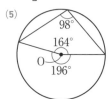　(6)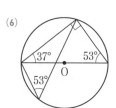

(7)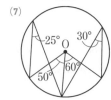　(8)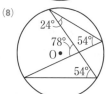

(9)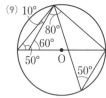
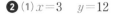

❷ (1) $x = 3$　　$y = 12$　　(2) $x = 18$

解き方 (1) 1つの円で，弧の長さは，それに対する円周角の大きさに比例するので，
$y : 3 = 72 : 18$
これを解くと，$y = 12$

(2) $x : 6 = 60 : 20$
これを解くと，$x = 18$

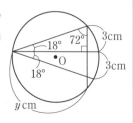

❸ 18 cm

解き方 半円の弧に対する円周角は直角だから，
$\angle CAD = 90° - 36° = 54°$
$12 : \overset{\frown}{CD} = 36 : 54$
これを解くと，$\overset{\frown}{CD} = 18 \text{(cm)}$

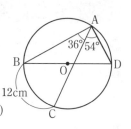

❹ ア，イ

解き方 ア △AED で，三角形の内角，外角の性質より，
$\angle CAD = 63° - 24° = 39°$
$\angle CBD = \angle CAD = 39°$
だから，4点 A，B，C，D は1つの円周上にあります。

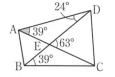

イ AB＝DC，BC は共通，
$\angle ABC = \angle DCB = 78°$
より，2組の辺とその間の角が，それぞれ等しいから，
△ABC ≡ △DCB
よって，$\angle CAB = \angle BDC$ だから，4点 A，B，C，D は1つの円周上にあります。

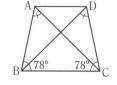

ウ $\angle BAC = 54°$，$\angle BDC = 53°$ で等しくないから，4点 A，B，C，D は1つの円周上にありません。

❺ (1) 35　　(2) 43

解き方 (1) $\angle BAC = \angle BDC = 70°$ だから，4点 A，B，C，D は1つの円周上にあります。よって，$x = 35$

(2) $\angle ADB = \angle ACB = 35°$ だから，4点 A，B，C，D は1つの円周上にあります。
よって，$\angle BAC = \angle BDC = 56°$
△ABC において，三角形の内角和は180°だから，
$56 + (x + 46) + 35 = 180$　これを解くと，$x = 43$

❻ (例) $\angle ACB = \angle ADB$ だから，4点 A，B，C，D は1つの円周上にある。
$\overset{\frown}{BC}$，$\overset{\frown}{AD}$ において，円周角の定理よりそれぞれ，$\angle BAC = \angle BDC$，$\angle ABD = \angle ACD$ が成り立つ。

解き方 まず，4点 A，B，C，D が1つの円周上にあることを示し，$\overset{\frown}{BC}$，$\overset{\frown}{AD}$ に対して，円周角の定理を使って証明します。

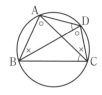

❼

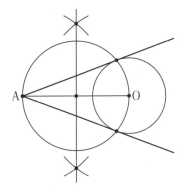

解き方 作図の手順
①2点 A, O を結ぶ。
② 線分 AO の
垂直二等分線を
ひき, AO の中
点 M を求める。
③M を中心とす
る半径 MA の円
をかき, 円 O と

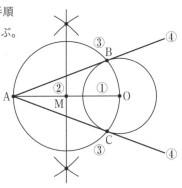

の交点をそれぞれ B, C とする。
④A と B, A と C を結ぶ。

❽ (1) ∠ABC
(2) (例)△PAD と △PCB において
$\overparen{AC}$ に対する円周角だから,
∠ADP = ∠CBP ……①
共通な角だから, ∠APD = ∠CPB ……②
①, ② より, 2組の角がそれぞれ等しいので,
△PAD∽△PCB
解き方 (2) 円周角の定理を使い, 2組の角がそれぞ
れ等しいことを示します。

❾ (例)△ABE と △BDE で,
$\overparen{EC}$ に対する円周角だから, ∠CAE = ∠EBD
仮定より, ∠CAE = ∠EAB
よって, ∠EAB = ∠EBD ……①
共通な角だから,
∠AEB = ∠BED ……②
①, ② より, 2組の角が, それぞれ等しいから,
△ABE∽△BDE
解き方 円周角の定理を使い, 2組の角がそれぞれ等
しいことを示します。

❶ (1) 29 (2) 37 (3) 96 (4) 100 (5) 3 (6) 63

❷ x 20 y 40 z 60

❸ (1) ○ (2) × (3) ○

❹ (例)△ABD と △AEC で,
$\overparen{BD} = \overparen{CD}$ により, 1つの円で, 等しい弧に対
する円周角は等しいから,
∠BAD = ∠EAC ……①
$\overparen{AB}$ に対する円周角だから,
∠ADB = ∠ACE ……②
①, ② から, 2組の角がそれぞれ等しいので,
△ABD∽△AEC

❺ (1) △PAC∽△PDB (2) $\dfrac{20}{3}$ cm

❻

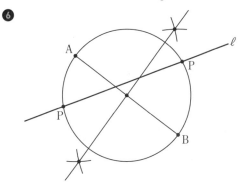

解き方

❶ (1)

(2)

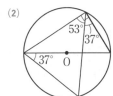

(3) 右の図のように円周上の
点を A, B, C として, O と
B を結びます。円 O の半径
だから,
OA = OB = OC
よって, △OAB と △OBC
は二等辺三角形だから,
∠OBA = ∠OAB = 28°, ∠OBC = ∠OCB = 20°
したがって,
$x = 2 \times$ ∠ABC $= 2 \times (28 + 20)$
  $= 96$

23

(4) $x:25=8:2$

これを解くと，$x=100$

(5) $18:54=x:9$

これを解くと，$x=3$

(6) A と O，B と O をそれぞれ結びます。円の接線は，その接点を通る半径に垂直だから，

$∠OAP=∠OBP=90°$

よって，

$∠AOB=360°-(54°+90°+90°)$
$\quad\quad\quad=126°$

$\overset{\frown}{AB}$ に対する円周角と中心角の関係から，

$x=\dfrac{1}{2}×126=63$

❷ 円周を9等分した1つの弧に対する中心角は，

$360°÷9=40°$ だから，その弧に対する円周角は，

$\dfrac{1}{2}×40°=20°$

よって，$x=20$

1つの円で，弧の長さは，それに対する円周角の大きさに比例するから，

$y=20×2=40$

$z=20×3=60$

❸ (1) △ABE において，三角形の内角，外角の性質より，

$∠BAC=110°-55°=55°$

$∠BDC=∠BAC=55°$

だから，4点 A，B，C，D は1つの円周上にあります。

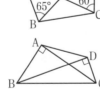

(2) $∠ABD=65°$，$∠ACD=60°$ で等しくないから，4点 A，B，C，D は1つの円周上にありません。

(3) 円周角の定理の逆より，

$∠BAC=∠BDC=90°$

だから，4点 A，B，C，D は1つの円周上にあります。

❹ 辺の比がわからないので，角に注目します。

1つの円で弧の長さが等しいので，弧と円周角の定理を使って，証明します。相似を証明する △ABD と △AEC にふくまれる2組の角に着目し，それらが等しいことを述べましょう。

❺ (1) 円周角の定理より，

$∠PAC=∠PDB$

$∠ACP=∠DBP$

よって，2組の角が，それぞれ等しいから，

$△PAC∽△PDB$

別解 対頂角の性質より，$∠CPA=∠BPD$ を使ってもよいです。

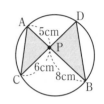

(2) $△PAC∽△PDB$ より，

$PA:PD=PC:PB$

$5:PD=6:8$

$6PD=40$

$PD=\dfrac{40}{6}=\dfrac{20}{3}$ (cm)

❻ AB を直径とする円をかき，その円と直線 ℓ との交点を P とします。半円の弧に対する円周角は $90°$ だから，$∠APB=90°$ になります。点 P は2つあることに注意しましょう。

①2点 A，B を結ぶ。

② 線分 AB の垂直二等分線をひき，AB の中点 M を求める。

③M を中心とする半径 MA の円をかき，ℓ との交点を P とする。

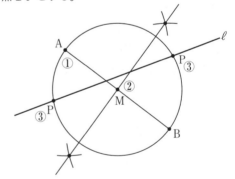

7章 三平方の定理

1節 三平方の定理

p.49 **Step ②**

❶ (1) 15　　　　　　　(2) 8

(3) 5　　　　　　　(4) $\sqrt{6}$

解き方 (1) 斜辺が $x\,\mathrm{cm}$ であるから，三平方の定理を使うと，

$9^2+12^2=x^2$

　　　$x^2=225$

$x>0$ であるから，$x=\sqrt{225}=15$

(2) 斜辺が 17 cm であるから，三平方の定理を使うと，

$x^2+15^2=17^2$

　　　$x^2=289-225$

　　　$x^2=64$

$x>0$ であるから，$x=\sqrt{64}=8$

(3) 斜辺が 13 cm であるから，三平方の定理を使うと，

$12^2+x^2=13^2$

　　　$x^2=169-144$

　　　$x^2=25$

$x>0$ であるから，$x=\sqrt{25}=5$

(4) 斜辺が $\sqrt{15}$ cm であるから，三平方の定理を使うと，

$3^2+x^2=(\sqrt{15})^2$

　　　$x^2=15-9$

　　　$x^2=6$

$x>0$ であるから，$x=\sqrt{6}$

❷ (1) $5\sqrt{2}$　　　　　　(2) 6

解き方 (1) 残りの 1 つの角の大きさは，

$180°-(45°+45°)=90°$ だから，直角三角形になります。三平方の定理を使うと，

$x^2=5^2+5^2=50$

$x>0$ であるから，$x=\sqrt{50}=5\sqrt{2}$

(2) 残りの 1 つの角の大きさは，

$180°-(30°+60°)=90°$ だから，直角三角形になります。三平方の定理を使うと，

$x^2+(2\sqrt{3})^2=(4\sqrt{3})^2$

$x^2=36$

$x>0$ であるから，$x=\sqrt{36}=6$

❸ (1) $2\sqrt{5}$　　　　　　(2) 7

解き方 (1) 二等辺三角形の頂点から底辺にひいた垂線は，底辺を 2 等分するから，

$\mathrm{BD}=8÷2=4\,(\mathrm{cm})$

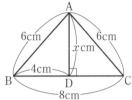

△ABD で，三平方の定理から，

$x^2=6^2-4^2=20$

$x>0$ であるから，$x=\sqrt{20}=2\sqrt{5}$

(2) △ABD で，三平方の定理から，

$\mathrm{AD}^2=30^2-18^2=576$

$\mathrm{AD}>0$ であるから，

$\mathrm{AD}=\sqrt{576}=24$

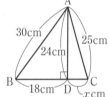

△ADC で，三平方の定理から，

$x^2=25^2-24^2=49$

$x>0$ であるから，$x=\sqrt{49}=7$

❹ ア，エ

解き方 3 辺の長さ a, b, c の間に，$a^2+b^2=c^2$ の関係が成り立つかどうかを調べればよいです。このとき，最も長い辺を c とします。

ア $a=8$，$b=15$，$c=17$ とすると，

$a^2+b^2=8^2+15^2=289$，$c^2=17^2=289$

$a^2+b^2=c^2$ が成り立つので，直角三角形です。

イ $a=9$，$b=12$，$c=16$ とすると，

$a^2+b^2=9^2+12^2=225$，$c^2=16^2=256$

$a^2+b^2=c^2$ が成り立たないので，直角三角形ではありません。

ウ $a=2$，$b=\sqrt{3}$，$c=\sqrt{5}$ とすると，

$a^2+b^2=2^2+(\sqrt{3})^2=7$

$c^2=(\sqrt{5})^2=5$

$a^2+b^2=c^2$ が成り立たないので，直角三角形ではありません。

エ $a=1$，$b=2\sqrt{2}$，$c=3$ とすると，

$a^2+b^2=1^2+(2\sqrt{2})^2=9$，$c^2=3^2=9$

$a^2+b^2=c^2$ が成り立つので，直角三角形です。

2節 三平方の定理と図形の計量

3節 三平方の定理の利用

p.51　Step ❷

❶ (1) $x = 4\sqrt{3}$　面積 $16\sqrt{3}$ cm²

　(2) $x = 6$　面積 18 cm²

解き方 (1) 直角以外の角が 30°，

60° の直角三角形の 3 辺の比から，

$8 : x = 2 : \sqrt{3}$

これを解くと，$x = 4\sqrt{3}$

よって，面積は，$\frac{1}{2} \times 8 \times 4\sqrt{3} = 16\sqrt{3}$ (cm²)

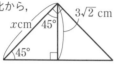

(2) 直角二等辺三角形の 3 辺の比から，

$3\sqrt{2} : x = 1 : \sqrt{2}$

これを解くと，$x = 6$

よって，面積は，$\frac{1}{2} \times 6 \times 6 = 18$ (cm²)

❷ 弦 AB $2\sqrt{5}$ cm，線分 PA $2\sqrt{10}$ cm

解き方 O と A を結びます。△OAH で三平方の定
理から，

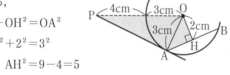

$AH^2 + OH^2 = OA^2$

$AH^2 + 2^2 = 3^2$

$AH^2 = 9 - 4 = 5$

AH > 0 だから，AH = $\sqrt{5}$

円の中心から弦にひいた垂線は，その弦を 2 等分す
るから，AB = 2AH = $2\sqrt{5}$ (cm)

OA⊥AP だから，△OPA で三平方の定理から，

$PA^2 + OA^2 = OP^2$

$PA^2 + 3^2 = 7^2$

$PA^2 = 49 - 9 = 40$

PA > 0 だから，PA = $\sqrt{40} = 2\sqrt{10}$ (cm)

❸ (1) $3\sqrt{10}$　　　　　(2) $\sqrt{65}$

解き方 (1) 右の図のように，
座標軸に平行な 2 つの直線をか
いて，その交点を C とします。

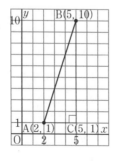

$AC = 5 - 2 = 3$

$BC = 10 - 1 = 9$

$AB^2 = 3^2 + 9^2 = 90$

AB > 0 だから，

$AB = \sqrt{90} = 3\sqrt{10}$

(2) 右の図のように，座標
軸に平行な 2 つの直線を
かいて，その交点を C と
します。

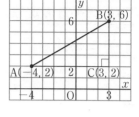

$AC = 3 - (-4) = 7$

$BC = 6 - 2 = 4$

$AB^2 = 7^2 + 4^2 = 65$

AB > 0 だから，AB = $\sqrt{65}$

❹ (1) $3\sqrt{14}$ cm　　　　(2) $36\sqrt{14}$ cm³

　(3) $36\sqrt{15}$ cm²

解き方 (1) 頂点 O から底面
に垂線 OH をひく。

四角形 ABCD は 1 辺が 6 cm
の正方形だから，

$AC = 6 \times \sqrt{2} = 6\sqrt{2}$ (cm)

点 H は AC の中点だから，

$AH = 6\sqrt{2} \div 2 = 3\sqrt{2}$ (cm)

直角三角形 OAH で，三平方
の定理から，

$OH^2 = 12^2 - (3\sqrt{2})^2 = 126$

OH > 0 だから，OH = $\sqrt{126} = 3\sqrt{14}$ (cm)

(2) 正四角錐の体積は，

$\frac{1}{3} \times 6 \times 6 \times 3\sqrt{14} = 36\sqrt{14}$ (cm³)

(3) 側面の 1 つの△OAB は，右の
図のような二等辺三角形である。

O から AB に垂線 OK をひくと，

K は AB の中点だから，

$AK = 6 \div 2 = 3$ (cm)

直角三角形 OAK で，三平方の定
理から，

$OK^2 = 12^2 - 3^2 = 135$

OK > 0 だから，OK = $\sqrt{135} = 3\sqrt{15}$ (cm)

$\triangle OAB = \frac{1}{2} \times 6 \times 3\sqrt{15} = 9\sqrt{15}$ (cm²)

したがって，四角錐の側面積は，

$9\sqrt{15} \times 4 = 36\sqrt{15}$ (cm²)

❶ (1) 25　(2) 15　(3) $2\sqrt{6}$

❷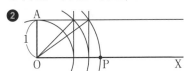

❸ (1) ×　(2) ○　(3) ×　(4) ○

❹ (1) $3\sqrt{5}$ cm　(2) $4\sqrt{2}$ cm　(3) $12\sqrt{3}$ cm²

❺ BC＝CA，∠C＝90°の直角二等辺三角形

❻ 12 cm

❼ 5 cm

❽ (1) $\sqrt{29}$ cm　(2) $\sqrt{41}$ cm

解き方

❶ (1) 三平方の定理から，
$$x^2=20^2+15^2=625$$
$x>0$ であるから，$x=\sqrt{625}=25$

(2) 三平方の定理から，
$$x^2=17^2-8^2=225$$
$x>0$ であるから，$x=\sqrt{225}=15$

(3) 三平方の定理から，
$$x^2=(4\sqrt{3})^2-(2\sqrt{6})^2=24$$
$x>0$ であるから，$x=\sqrt{24}=2\sqrt{6}$

❷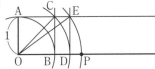

上の図で，OA＝OB＝1 だから，OC＝$\sqrt{2}$

OC＝OD＝$\sqrt{2}$ だから，OE＝$\sqrt{3}$

よって，OE＝OP＝$\sqrt{3}$

❸ 最も長い辺を c とし，3 辺の長さ a，b，c の間に，$a^2+b^2=c^2$ の関係が成り立つかを調べます。

(1) $a=6$，$b=9$，$c=12$ とすると，
$$a^2+b^2=6^2+9^2=117,\quad c^2=12^2=144$$

(2) $a=7$，$b=24$，$c=25$ とすると，
$$a^2+b^2=7^2+24^2=625,\quad c^2=25^2=625$$

(3) $a=2$，$b=\sqrt{6}$，$c=4$ とすると，
$$a^2+b^2=2^2+(\sqrt{6})^2=10,\quad c^2=4^2=16$$

(4) $10=\sqrt{100}$，$2\sqrt{7}=\sqrt{28}$，$6\sqrt{2}=\sqrt{72}$ だから，$a=2\sqrt{7}$，$b=6\sqrt{2}$，$c=10$ とすると，
$$a^2+b^2=(2\sqrt{7})^2+(6\sqrt{2})^2=100,\quad c^2=10^2=100$$

❹ (1) 対角線の長さを x cm とすると，
$$x^2=3^2+6^2=45$$
$x>0$ であるから，$x=\sqrt{45}=3\sqrt{5}$（cm）

(2) 正方形の 1 辺の長さを x cm とすると，
$$x:8=1:\sqrt{2}\quad これを解くと，x=4\sqrt{2}（cm）$$

(3) 正三角形の高さを h cm とすると，
$$4\sqrt{3}:h=2:\sqrt{3}\quad これを解くと，h=6$$
よって，正三角形の面積は，
$$\frac{1}{2}\times4\sqrt{3}\times6=12\sqrt{3}（cm^2）$$

❺ 3 点 A，B，C は，右の図のようになる。
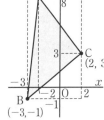
$$AB^2=9^2+1^2=82$$
$$BC^2=4^2+5^2=41$$
$$CA^2=5^2+4^2=41$$
よって，
$BC^2=CA^2$ より，BC＝CA
また，$AB^2=BC^2+CA^2$ より，∠C＝90°
したがって，△ABC は直角二等辺三角形になる。

❻ OA⊥AP だから，△POA で，三平方の定理から，
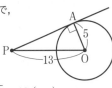
$$PA^2=PO^2-OA^2$$
$$=13^2-5^2=144$$
PA>0 だから，PA＝$\sqrt{144}=12$（cm）

❼ DF＝x cm とすると，CF＝$(18-x)$ cm

MF は CF を折り返した線分だから，
$$MF＝CF＝(18-x)\text{cm}$$
また，M は AD の中点だから，MD＝12 cm
△MFD で，三平方の定理から，
$$x^2+12^2=(18-x)^2\quad これを解くと，x=5$$

❽ (1) 対角線の長さを x cm とすると，
$$x^2=2^2+3^2+4^2=29$$
$x>0$ だから，$x=\sqrt{29}$（cm）

(2) アのひもの長さは，右の図の線分 AG の長さになる。
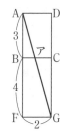
$$AG^2=(3+4)^2+2^2=53$$
AG>0 だから，AG＝$\sqrt{53}$（cm）

イのひもの長さは，右の図の線分 AG の長さになる。
$$AG^2=4^2+(3+2)^2=41$$
AG>0 だから，AG＝$\sqrt{41}$（cm）

8章 標本調査

1節 標本調査   2節 標本調査の利用

p.55   Step ❷

❶ (1) 標本調査   (2) 全数調査
　 (3) 全数調査

解き方 多くの手間や時間，費用などがかかる場合
や，製品の良否を調べたり，製品をこわすおそれの
ある場合などに，標本調査を行いますが，(3)のよう
に台数が多くても全数調査が必要な場合もあります。
(3) どの自動車のブレーキも効かなくてはいけないの
で全数調査が必要です。

❷ ㋑

解き方 標本の大きさが大きいほど，標本平均は母
集団の平均値に近づくので，㋐より㋑のほうが実際
の平均値に近くなると考えられます。また，㋒の標
本は運動部という偏りがあるので，無作為に抽出し
ているとはいえません。

❸ およそ 4300 匹

解き方 森にいるカブトムシの数を x 匹とすると，
$7:150=200:x$
$\quad 7x=30000$
$\qquad x=4285.\cdots\cdots$
よって，十の位を四捨五入して，百の位までの概数
にすると，
$x=4300$

❹ およそ 0.38

解き方 標本の赤玉の割合は，母集団の赤玉の割合
と等しいと考えられます。
取り出した玉の数は，全部で，
$25+15=40$（個）
このうち，赤玉は 15 個だから，赤玉の割合は，
$15\div40=0.375$
小数第 3 位を四捨五入して，小数第 2 位までの概数
にすると，およそ 0.38

p.56   Step ❸

❶ (1) 全数調査   (2) 標本調査   (3) 全数調査
　 (4) 標本調査

❷ およそ 0.63

❸ およそ 270 個

❹ (1) 0.008   (2) およそ 2900 個   (3) およそ 40400 個

解き方

❶ (1) ある中学校 3 年生の進路調査は，3 年生全員に
それぞれ行う調査なので，全数調査です。
(2) 検査をすると商品がなくなるので，全数調査は
できません。
(3) ある高校で行う入学試験は，受験者全員の点数
を知るためなので，全数調査です。
(4) ある湖にいる魚の数の調査を全数調査で行うこ
とは，時間も費用もかかりすぎるので，標本調査
となります。

❷ 取り出したビーズの数は，全部で，
$45+75=120$（個）
このうち，青いビーズは 75 個だから，青いビー
ズの割合は，$75\div120=0.625$
小数第 3 位を四捨五入して，小数第 2 位までの概
数にすると，0.63

❸ 箱の中にある赤玉を x 個とすると，
$x:2000=8:60$
これを解くと，$x=266.\cdots$
よって，一の位を四捨五入して，十の位までの概
数にすると，$x=270$

❹ (1) $4\div500=0.008$
(2) 1 年間に生産される製品の 0.008 にあたる個数
が不良品と考えられるから，
$30000\times12\times0.008=2880$
よって，十の位を四捨五入して，百の位までの概
数にすると，2900 個。
(3) A社に納品するために生産する数を x 個とすると，
$500:(500-4)=x:40000$
$500:496=x:40000$
これを解くと，$x=40322.\cdots$
よって，十の位を切り上げて，百の位までの概数
にすると，40400 個。

テスト前 ☑ やることチェック表

① まずはテストの目標をたてよう。頑張ったら達成できそうなちょっと上のレベルを目指そう。
② 次にやることを書こう（「ズバリ英語〇ページ，数学〇ページ」など）。
③ やり終えたら□に✔を入れよう。
　　最初に完ぺきな計画をたてる必要はなく，まずは数日分の計画をつくって，
　　その後追加・修正していっても良いね。

目標

	日付	やること1	やること2
2週間前	／	☐	☐
	／	☐	☐
	／	☐	☐
	／	☐	☐
	／	☐	☐
	／	☐	☐
	／	☐	☐
1週間前	／	☐	☐
	／	☐	☐
	／	☐	☐
	／	☐	☐
	／	☐	☐
	／	☐	☐
	／	☐	☐
テスト期間	／	☐	☐
	／	☐	☐
	／	☐	☐
	／	☐	☐
	／	☐	☐

テスト前 ✓ やることチェック表

① まずはテストの目標をたてよう。頑張ったら達成できそうなちょっと上のレベルを目指そう。
② 次にやることを書こう（「ズバリ英語〇ページ，数学〇ページ」など）。
③ やり終えたら□に✔を入れよう。
　最初に完ぺきな計画をたてる必要はなく，まずは数日分の計画をつくって，
　その後追加・修正していっても良いね。

目標

	日付	やること1	やること2
2週間前	／	☐	☐
	／	☐	☐
	／	☐	☐
	／	☐	☐
	／	☐	☐
	／	☐	☐
	／	☐	☐
1週間前	／	☐	☐
	／	☐	☐
	／	☐	☐
	／	☐	☐
	／	☐	☐
	／	☐	☐
	／	☐	☐
テスト期間	／	☐	☐
	／	☐	☐
	／	☐	☐
	／	☐	☐
	／	☐	☐

キリトリ線

数学3年 大日本図書版

QRコードのページに登録すると，「ぴたリンク」からも表をダウンロードできるよ

ズバリよくでる 直前 チェックBOOK

- テストに**ズバリよくでる!**
- **用語・公式や例題**を掲載!

数学
大日本図書版
3年

赤シートで何度でも!

1 多項式と単項式の乗法，除法

□単項式と多項式との乗法は，多項式と数との乗法と同じように分配法則を使って計算する。

$$a(b+c)= \boxed{ab+ac}, \quad (a+b)c= \boxed{ac+bc}$$

□多項式を単項式でわる除法は，多項式を数でわる除法と同じように式を分数の形で表して簡単にするか，除法を乗法になおして計算する。

$$(b+c)\div a= \boxed{\dfrac{b+c}{a}} \qquad\qquad (b+c)\div a=(b+c)\times \boxed{\dfrac{1}{a}}$$

$$= \dfrac{b}{a}+\dfrac{c}{a} \qquad\qquad\qquad\qquad = \dfrac{b}{a}+\dfrac{c}{a}$$

2 多項式の乗法

□$(a+b)(c+d)= \boxed{ac+ad+bc+bd}$

|例| $(x+3)(y-2)= \boxed{xy} -2x+3y- \boxed{6}$

3 重要 展開の公式

□$(x+a)(x+b)= \boxed{x^2+(a+b)x+ab}$

|例| $(x+1)(x-2)=x^2+\{1+(-2)\}x+ \boxed{1\times(-2)}$

$$= \boxed{x^2-x-2}$$

□$(x+a)^2= \boxed{x^2+2ax+a^2}$

|例| $(x+3)^2=x^2+2\times \boxed{3} \times x+ \boxed{3}\,^2$

$$= \boxed{x^2+6x+9}$$

□$(x-a)^2= \boxed{x^2-2ax+a^2}$

□$(x+a)(x-a)= \boxed{x^2-a^2}$

|例| $(x+4)(x-4)=x^2- \boxed{4}\,^2= \boxed{x^2-16}$

1 共通な因数

□多項式の各項に共通な因数があるときには，分配法則を使って共通な因数をかっこの外にくくり出して因数分解することができる。

|例| $ab+ac=a\times\boxed{b}+a\times\boxed{c}=\boxed{a(b+c)}$

2 重要 公式による因数分解

□$x^2+(a+b)x+ab=\boxed{(x+a)(x+b)}$

|例| $x^2+5x+6=\boxed{(x+2)(x+3)}$

□$x^2+2ax+a^2=\boxed{(x+a)^2}$

|例| $x^2+8x+16=x^2+2\times\boxed{4}\times x+\boxed{4}^2=\boxed{(x+4)^2}$

□$x^2-2ax+a^2=\boxed{(x-a)^2}$

□$x^2-a^2=\boxed{(x+a)(x-a)}$

|例| $x^2-9=x^2-\boxed{3}^2=\boxed{(x+3)(x-3)}$

3 いろいろな式の因数分解

□$2ax^2-4ax+2a$ を因数分解するときは，共通な因数 $\boxed{2a}$ をくくり出し，さらに因数分解する。

$$2ax^2-4ax+2a=\boxed{2a}(x^2-2x+1)$$
$$=\boxed{2a(x-1)^2}$$

□$(x+y)a-(x+y)b$ を因数分解するときは，式の中の共通な部分 $\boxed{x+y}$ を M と置きかえて考える。

$$(x+y)a-(x+y)b=\boxed{Ma}-\boxed{Mb}$$
$$=M(a-b)$$
$$=\boxed{(x+y)(a-b)}$$

1 平方根

□ $a \geqq 0$ のとき，「2乗すると a になる数」 つまり，$x^2 = a$ を成り立
たせる x の値を a の 平方根 という。

□ 正の数の平方根は2つあって，それらの 絶対値 は等しく，
符号 は異なる。

□ 0の平方根は 0 である。

2 重要 平方根の大小

□ a，b が正の数で，$a < b$ ならば $\sqrt{a}$ < $\sqrt{b}$

例 $\sqrt{2}$ と $\sqrt{3}$ の大小は，2 < 3 だから，$\sqrt{2}$ < $\sqrt{3}$

3 近似値と有効数字

□ 真の値に近い値を 近似値 という。

□ (誤差) = (近似値) − (真の値)

□ 近似値を表す数で，信頼できる数字を 有効数字 という。

4 有理数と無理数

□ 分数で表すことができる数を 有理数 ，分数で表すことができな
い数を 無理数 という。

□
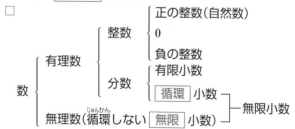

4

1 重要 **根号をふくむ数の乗法，除法**

□ $a>0$, $b>0$ のとき， $\sqrt{a} \times \sqrt{b} = \boxed{\sqrt{ab}}$, $\dfrac{\sqrt{a}}{\sqrt{b}} = \boxed{\sqrt{\dfrac{a}{b}}}$

2 **根号をふくむ数の変形**

□ 根号の中の数がある数の2乗を因数にもっているときは， $a\sqrt{b}$ の形にすることができる。

　　$a>0$, $b>0$ のとき， $\sqrt{a^2 \times b} = \boxed{a\sqrt{b}}$

□ 分母に根号のある式を，その値を変えないで分母に根号のない形になおすことを， $\boxed{\text{分母を有理化する}}$ という。

3 **根号をふくむ式の計算**

□ 分母に根号のある数をふくむ式は，分母を $\boxed{\text{有理化}}$ してから計算するとよい。

|例| $\sqrt{18} - \dfrac{4}{\sqrt{2}} = 3\sqrt{2} - \dfrac{4 \times \boxed{\sqrt{2}}}{\sqrt{2} \times \boxed{\sqrt{2}}}$

　　　　　　　　 $= 3\sqrt{2} - \dfrac{4\sqrt{2}}{2}$

　　　　　　　　 $= 3\sqrt{2} - \boxed{2\sqrt{2}} = \boxed{\sqrt{2}}$

□ 分配法則や $\boxed{\text{展開の公式}}$ を使って，根号をふくむ式を計算することができる。

|例| $\sqrt{3}(\sqrt{3}+1) = \sqrt{3} \times \boxed{\sqrt{3}} + \sqrt{3} \times \boxed{1}$

　　　　　　　　 $= \boxed{3+\sqrt{3}}$

|例| $(1+\sqrt{3})^2 = 1^2 + 2 \times \boxed{\sqrt{3}} \times 1 + \boxed{(\sqrt{3})^2}$

　　　　　　　　 $= 1 + \boxed{2\sqrt{3}} + \boxed{3}$

　　　　　　　　 $= \boxed{4+2\sqrt{3}}$

1 2次方程式

□すべての項を左辺に移項して簡単にしたとき,左辺が x の2次式になる方程式,つまり,$ax^2+bx+c=0$(a, b, c は定数, $a \neq 0$)の形になる方程式を,x についての 2次方程式 という。

2 因数分解による2次方程式の解き方

□2つの数や式 A, B について,次のことがいえる。

$AB=0$ ならば,$A=$ 0 または $B=$ 0

このことを利用すると,因数分解を使って2次方程式を解くことができる。

|例| $x^2+5x+6=0$

$(x+2)(x+$ 3 $)=0$

$x+2=0$ または $x+3$ $=0$

よって,$x=$ -2 , -3

3 重要 平方根の考えを使った2次方程式の解き方

□$ax^2+c=0$ の形の2次方程式は,$x^2=k$ の形にすると,k の平方根を求めることによって解くことができる。

|例| $x^2-5=0$

$x^2=$ 5

$x=$ $\pm\sqrt{5}$

□$(x+p)^2=q$ の形をした2次方程式は,かっこの中を ひとまとまり にみて,q の平方根を求めることによって解くことができる。

1 $(x+p)^2=q$ の形になおして解く

□ どんな2次方程式も $(x+p)^2=q$ の形になおせば，解くことができる。

|例| $x^2+2x=1$

$x^2+2x+\boxed{1}^2=1+\boxed{1}^2$

$(x+1)^2=2$

$x+1=\boxed{\pm\sqrt{2}}$

$x=\boxed{-1\pm\sqrt{2}}$

2 重要 2次方程式の解の公式

□ 2次方程式 $ax^2+bx+c=0$ の解は，

$$x=\boxed{\dfrac{-b\pm\sqrt{b^2-4ac}}{2a}}$$

|例| $3x^2-3x-1=0$

解の公式に，$a=3$，$b=\boxed{-3}$，$c=-1$ を代入する。

$$x=\frac{-\boxed{(-3)}\pm\sqrt{\boxed{(-3)}^2-4\times3\times(-1)}}{2\times\boxed{3}}$$

$$=\boxed{\frac{3\pm\sqrt{21}}{6}}$$

3 2次方程式の利用

□ 方程式を使って問題を解くとき，解がそのまま答えにならない場合もある。したがって，$\boxed{\text{方程式の解}}$ をその問題の答えとしてよいかどうか，確かめることが必要である。

7

1 関数 $y=ax^2$

□ y が x の関数であり，$y=ax^2$（a は定数，$a \neq 0$）で表されるとき，y は x の 2乗に比例する といい，a を 比例定数 という。

2 重要 関数 $y=ax^2$ のグラフ

□1 原点 を通り，y軸 について対称な曲線である。

□2 $a>0$ のとき， 上 に開き，$a<0$ のとき， 下 に開く。

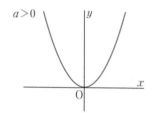
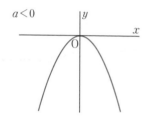

□3 a の絶対値が大きくなるほど，グラフの開き方は 小さく なる。

|例| 右の図は，2 つの関数

$y=x^2$ と $y=2x^2$ のグラフを，同じ座標

軸を使ってかいたものです。

$y=x^2$ のグラフは イ です。

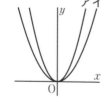

□4 a の絶対値が等しく符号が異なる2つの

グラフは，x軸 について対称である。

3 放物線

□関数 $y=ax^2$ のグラフは，放物線 といわれる曲線である。放物線の対称軸をその放物線の 軸 といい，軸との交点を放物線の 頂点 という。

4章 関数

教 p.114〜123

1 関数 $y=ax^2$ の値の変化（$a>0$ のとき）

□x の値が増加するとき，$x=0$ を境にして

y の値は 減少 から 増加 に変わる。

□$x=0$ のとき，$y=0$ となり，これは y の

最小値 である。

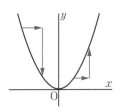

2 関数 $y=ax^2$ の値の変化（$a<0$ のとき）

□x の値が増加するとき，$x=0$ を境にして

y の値は 増加 から 減少 に変わる。

□$x=0$ のとき，$y=0$ となり，これは y の

最大値 である。

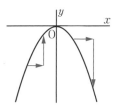

3 重要 関数 $y=ax^2$ の変化の割合

□（変化の割合）$=\dfrac{（y \text{の増加量}）}{（x \text{の増加量}）}$ は，一定ではない 。

|例| $y=x^2$ について，

x の値が 1 から 2 まで増加するときの変化の割合は，

$$\frac{y \text{の増加量}}{x \text{の増加量}} = \frac{\boxed{4}-\boxed{1}}{\boxed{2}-\boxed{1}} = \boxed{3}$$

x の値が 3 から 4 まで増加するときの変化の割合は，

$$\frac{y \text{の増加量}}{x \text{の増加量}} = \frac{\boxed{16}-\boxed{9}}{\boxed{4}-\boxed{3}} = \boxed{7}$$

4 変化の割合の意味

□ボールを自然に落とすときのようすを表す関数 $y=5x^2$ の変化の割

合は，ボールの 平均の速さ を表している。

1 相似な図形の性質

□相似な図形では，次の性質が成り立つ。

1　対応する 線分の比 はすべて等しい。

2　対応する 角 はそれぞれ等しい。

2 重要 三角形の相似条件

□2つの三角形は，次のどれかが成り立つとき相似である。

❶ 3組の辺の比 がすべて等しい。

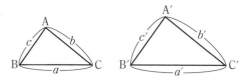

$a : a' = b : \boxed{b'} = \boxed{c} : c'$

❷ 2組の辺の比 が等しく， その間の角 が等しい。

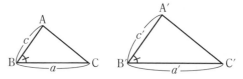

$a : a' = c : \boxed{c'}$，　$\angle B = \angle \boxed{B'}$

❸ 2組の角 がそれぞれ等しい。

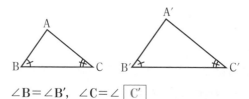

$\angle B = \angle B'$，　$\angle C = \angle \boxed{C'}$

教 p.150〜161

1 **重要** 三角形と比

□△ABC で，辺 AB，AC 上の点をそれぞれ D，E とする。

1　DE∥BC ならば，

　　AD：AB＝AE： 　AC 　＝ 　DE 　：BC

2　DE∥BC ならば，AD：DB＝AE： 　EC

2 三角形と比の定理の逆

□△ABC で，辺 AB，AC 上の点をそれぞれ D，E とする。

1′　AD：AB＝AE：AC ならば， 　DE∥BC

2′　AD：DB＝AE： 　EC 　ならば，DE∥BC

3 平行線と線分の比

□3 つ以上の平行線に，1 つの直線がどのように交わっても，その直線は平行線によって一定の比に分けられる。

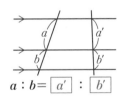

a ： b ＝ a' ： b'

4 中点連結定理

□三角形の 2 つの辺の中点を結ぶ線分は，残りの辺に 　平行 　であり，長さはその 　半分 　である。

MN∥ 　BC 　，MN＝ $\dfrac{1}{2}$ BC

5 三角形の角の二等分線と比

□△ABC で，∠A の二等分線と辺 BC との交点を D とすると，AB：AC＝BD： 　CD 　である。

教 p.162〜166

1 重要 相似な図形の面積の比

□相似比が $m:n$ である2つの図形の面積の比は，$\boxed{m^2}:\boxed{n^2}$ である。

|例| 相似比が $2:3$ の相似な2つの図形 F，G があって，F の面積が $40\ \mathrm{cm}^2$ のとき，G の面積を $x\ \mathrm{cm}^2$ とすると，

$$40:x=\boxed{2}^2:\boxed{3}^2$$
$$4x=40\times9$$
$$x=\boxed{90}$$

2 相似な立体

□相似な立体では，対応する $\boxed{\text{線分の比}}$ はすべて相似比に等しい。

3 相似な立体の表面積の比

□相似比が $m:n$ である2つの立体の表面積の比は，$\boxed{m^2}:\boxed{n^2}$ である。

4 相似な立体の体積の比

□相似比が $m:n$ である2つの立体の体積の比は，$\boxed{m^3}:\boxed{n^3}$ である。

|例| 相似比が $2:3$ の相似な2つの立体 F，G があって，F の体積が $16\ \mathrm{cm}^3$ のとき，G の体積を $y\ \mathrm{cm}^3$ とすると，

$$16:y=\boxed{2}^3:\boxed{3}^3$$
$$8y=16\times27$$
$$y=\boxed{54}$$

教 p.178～186

1 重要 円周角の定理

□円周角と中心角について，次の性質が成り立つ。

    1   1つの弧に対する円周角の大きさは，その弧に対する中心角の大きさの 半分 である。

$$\angle APB = \boxed{\dfrac{1}{2}} \angle AOB$$

    2   1つの弧に対する円周角の大きさは 等しい 。

□半円の弧に対する円周角は 直角 である。

2 弧と円周角

□1つの円で，次のことが成り立つ。

    1   円周角の大きさが等しいならば，それに対する 弧の長さ は等しい。

    2   弧の長さが等しいならば，それに対する 円周角の大きさ は等しい。

3 円周角の定理の逆

□2点 P，Q が直線 AB の同じ側にあって，

    $\angle APB = \angle AQB$

ならば，4点 A，B，P，Q は 1つの円周上 にある。

□$\angle APB = \angle AQB = 90°$ のとき，点 P，Q は AB を直径とする円周上にある。

7章 三平方の定理

1節 三平方の定理

教 p.198〜203

1 重要 三平方の定理

□直角三角形の直角をはさむ 2 辺の長さを

a, b, 斜辺の長さを c とすると,

$$a^2 + \boxed{b^2} = \boxed{c^2}$$

|例| 右の図の斜辺の長さを x cm とすると,

$$4^2 + \boxed{3}^2 = x^2$$

$$x^2 = 25$$

$x > \boxed{0}$ であるから,

$$x = \boxed{5}$$

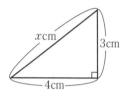

2 三平方の定理の逆

□ 3 辺の長さが a, b, c の三角形で,

$a^2 + b^2 = c^2$ ならば, その三角形は

長さ c の辺を $\boxed{斜辺}$ とする

$\boxed{直角三角形}$ である。

|例| 3 辺の長さが 1 cm, 2 cm, $\sqrt{5}$ cm の三角形が, 直角三角形で

あるかどうかを調べる。

最も長い $\boxed{\sqrt{5}}$ cm の辺を c, 残りの 1 cm, $\boxed{2}$ cm の辺をそ

れぞれ a, b とすると,

$$a^2 + b^2 = 1^2 + \boxed{2}^2 = 5$$

$$c^2 = \boxed{\sqrt{5}}^2 = \boxed{5}$$

$a^2 + b^2 = c^2$ が成り立つので,

この三角形は $\boxed{直角}$ 三角形である。

教 p.204〜210

1 平面図形の計量

□図形の中に直角三角形を見いだして 三平方の定理 を使うと，

いろいろな長さや面積を求めることができる。

例 正三角形の 1 つの頂点から 垂線 をひいて直角三角形をつく

り，三平方の定理を使って高さを求める。

2 重要 特別な三角形の辺の比

□直角二等辺三角形　　　　　　□30°と 60°の直角三角形

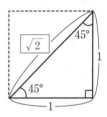　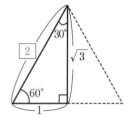

3 2 点間の距離

□2 点を結ぶ線分を 斜辺 とし， 座標軸 に平行な 2 つの辺をもつ

直角三角形をつくり，三平方の定理を使う。

4 直方体の対角線

□右の図のような 3 辺の長さが a, b, c

の直方体の対角線 AG の長さを求める。

$$AG^2 = AE^2 + EG^2,\ \ EG^2 = EF^2 + FG^2$$

から，$AG^2 = AE^2 + EF^2 + \boxed{FG}^2$

$$= a^2 + b^2 + \boxed{c}^2$$

AG > 0 であるから，$AG = \sqrt{\boxed{a^2 + b^2 + c^2}}$

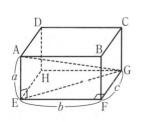

教 p.220〜227

1 **重要** 調査のしかた

□集団をつくっているもの全部について行う調査を 全数 調査，集団の一部分について調べて，その結果からもとの集団の性質を推定する調査を 標本 調査という。

□標本調査の場合，調査の対象となるもとの集団を 母集団 といい，調査のために母集団から取り出された一部分を 標本 という。標本として取り出されたデータの個数を 標本の大きさ という。

2 標本の取り出し方

□母集団から標本を取り出すときには，その母集団の性質がよく現れるように，偏りがなく公平に取り出す。このようにして標本を取り出すことを 無作為に抽出する という。

3 母集団の平均値の推定

□母集団から抽出した標本の平均値を 標本平均 という。母集団の平均値は，標本平均から推定することができる。

一般に，標本の大きさが 大きい ほど，標本平均は母集団の平均値に近づく。

4 母集団の数量の推定

□標本を無作為に抽出すれば，標本での数量の割合で母集団の数量の割合を 推定 できる。したがって，母集団の数量を推定するには，標本調査 で得られた数量の割合をもとに考えればよい。

大日本図書版・中学数学3年